西部地域绿色建筑设计研究系列丛书

丛书总主编：庄惟敏　主编：王红军　周　俭　胡向磊　成　辉

青藏高原
地域绿色建筑设计图集

Collective Design

Drawings of Regional Green Building in Alpine Tibetan Area

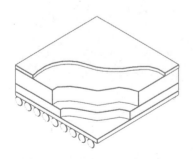 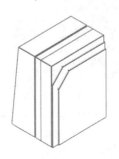 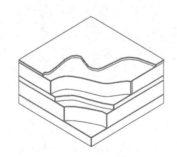 

中国建筑工业出版社

图书在版编目（CIP）数据

青藏高原地域绿色建筑设计图集 =Collective
Design Drawings of Regional Green Building in
Alpine Tibetan Area/ 王红军等主编 . —北京：中国
建筑工业出版社，2022.5
（西部地域绿色建筑设计研究系列丛书）
ISBN 978-7-112-27662-2

Ⅰ.①青…　Ⅱ.①王…　Ⅲ.①青藏高原—生态建筑—
建筑设计—图集　Ⅳ.① TU201.5-64

中国版本图书馆CIP数据核字（2022）第135211号

责任编辑：王　惠　陈　桦　许顺法
责任校对：赵　菲

西部地域绿色建筑设计研究系列丛书
青藏高原地域绿色建筑设计图集
Collective Design Drawings of Regional Green Building in Alpine Tibetan Area
丛书总主编：庄惟敏
主编：王红军　周　俭　胡向磊　成　辉

*

中国建筑工业出版社出版、发行（北京海淀三里河路9号）
各地新华书店、建筑书店经销
北京雅盈中佳图文设计公司制版
临西县阅读时光印刷有限公司印刷

*

开本：880毫米×1230毫米　横1/16　印张：9　字数：166千字
2022年10月第一版　2022年10月第一次印刷
定价：**109.00**元
ISBN 978-7-112-27662-2
（39478）

《西部地域绿色建筑设计研究系列丛书》总序

中国西部地域辽阔、气候极端、民族众多、经济发展相对落后，绿色建筑的发展无疑面临着更多的挑战。长久以来，我国绿色建筑设计普遍存在"重绿色技术性能"而"轻文脉空间传承"的问题，一方面，中国传统建筑经千百年的实践积累，其中蕴含了丰富的人文要素与理念，其建构理念没有得到充分的挖掘和利用；另一方面，大量具有地域文化特征的公共建筑，其绿色性能往往不高。目前尚未有成熟的地域绿色建筑学相关理论与方法指导，从根本上制约了建筑学领域文化与绿色的融合发展。

近年来，国内建筑学领域正从西部建筑能耗与环境、地区建筑理论等方面尝试创新突破。技术上，发达国家在绿色建筑新材料、构造、部品等方面已形成成熟的技术产业体系，转向零能耗、超低能耗建筑研发；创作实践上，各国也一直在探索融合地域文化与绿色智慧的技术创新。但发达国家的绿色建筑技术造价昂贵，各国建筑模式、技术体系基于不同的气候条件、民族文化，不适配我国西部地区的建设需求，生搬硬套只会造成更高的资源浪费和环境影响，迫切需要研发适宜我国地域条件的绿色建筑设计理论和方法。

基于此，"十三五"国家重点研发计划项目"基于多元文化的西部地域绿色建筑模式与技术体系"（2017YFC0702400）以西部地域建筑文化传承和绿色发展一体协同为宗旨，采取典型地域建筑分类数据采集与数据库分析方法、多学科交叉协同的理论方法、多层次多专业全流程

的系统控制方法及建筑文化与绿色性能综合模拟分析方法，变革传统建筑设计原理与方法，建立基于建筑文化传承的西部典型地域绿色建筑模式和技术体系，编制相关设计导则和图集，开展综合技术集成、工程示范和推广应用，通过四年的研究探索，形成了系列研究成果。

本系列丛书即是对该重点专项成果的凝练和总结，丛书由专项项目负责人庄惟敏院士任总主编，专项课题负责人单军教授、雷振东教授、杜春兰教授、周俭教授、景泉院长联合主编；由清华大学、同济大学、西安建筑科技大学、重庆大学、中国建筑设计研究院有限公司等16家高校和设计研究机构共同完成，包括三部专著和四部图集。《基于建筑文化传承的西部地域绿色建筑设计研究》《西部传统地域建筑绿色性能及原理研究》《西部典型地域特征绿色建筑工程示范》三部专著厘清了西部地域绿色建筑发展的背景、特点、现状和目标，梳理了地域建筑学、绿色建筑学的基本理论，探讨了"传统绿色经验现代化"与"现代绿色技术地域化"的可行途径，提出了"文绿一体"的地域绿色建筑设计模式与评价体系，并将其应用于西部典型地域绿色建筑示范工程上，从而通过设计应用优化了西部地域绿色建筑学理论框架。四部图集中，《西部典型传统地域建筑绿色设计原理图集》对西部典型传统地域绿色建筑的设计原理进行了总结性凝练，为建筑师在西部地区进行地域性绿色建筑创作提供指导和参照；《青藏高原地域绿色建筑设计图集》《西北荒漠区地域绿色建筑设计图集》《西南多民族聚居区地域绿色建筑设计图

集》分别以青藏高原地区、西北荒漠区、西南多民族聚居区为研究范围，凝练各地区传统地域绿色建筑的设计原理，并将其转化为空间模式、材料构造、部品部件的图示化语言，构建"文绿一体"的西部地区绿色建筑技术体系，为西部不同地区的地域性绿色建筑创作提供进一步的技术支撑。

本系列丛书作为国内首个针对我国西部地区探索建筑文化与绿色协同发展的研究成果，以期为推进西部地区"文绿一体"的建筑设计研究与实践提供相应的指导价值。

本系列丛书在编写过程中得到了西安建筑科技大学刘加平院士、清华大学林波荣教授和黄献明教授级高级建筑师、西北工业大学刘煜教授、西藏大学张筱芳教授、中煤科工集团重庆设计研究院西藏分院谭建魂书记等专家学者的中肯意见和大力协助，中国建筑设计研究院有限公司、中国建筑西北设计研究院有限公司、深圳市华汇设计有限公司、天津华汇工程设计有限公司、重庆市设计院以及陕西畅兴源节能环保科技有限公司等单位为本丛书的编写提供了技术支持和多方指导，中国建筑工业出版社陈桦主任、许顺法编辑、王惠编辑为此付出了大量的心血和努力，在此特表示衷心的感谢！

庄惟敏

2021 年 5 月

前言

地方传统营造与自然气候环境具有内在的因应关系，也受到社会经济状况和文化习俗的影响。在漫长的农耕社会中，人们就地取材，互助建造，以低技术手段在地域环境中获得相对舒适的栖身之所。当前，工业化产品和建造体系已经基本取代农耕时代的工匠营造，其提供的安全、舒适和便利与前现代的乡土做法不可同日而语。同时，面对不同地域自然环境，同质化的现代建造模式需要进行在地调试，以达到建筑能耗、舒适性与环境保护的综合平衡。因此，绿色建筑本质上是一个当代命题。

伴随着当前我国城市化进程，乡土地区的经济社会状况发生着深刻变化，人居环境和营造方式也处于快速的变化过程中。这一现象在青藏高原地区非常明显，工业化产品和职业施工队伍的逐渐普及，使得传统营造体系被逐渐被替代。当前，青藏地区的传统建造体系呈现出碎片化与断裂的状态。

地方传统营造在当下是否还有持续演进的可能？当代工业体系下的地方建造，与传统营造的材料、部品和构造方式有很大区别，难以简单沿袭传统建筑中适应地方气候环境的做法。然而，在目前青藏高原的广袤环境中，特别是城市化程度不高的村镇与牧区，基于精密构造和高性能产品的绿色建筑体系，无疑难以推广。而一些地方营造的典型基质依旧具有延续性。例如当前藏区民居中阳光间的普遍使用，防水卷材和传统覆土层相结合的复合屋顶防水，都是在地方传统建筑形制和工艺基础上，与工业化产品结合的做法。这些做法来自民间，是居住习俗的自然延续，呈现出地方营建的内在生命力。

因此，在地方营造体系碎片化的当下，图集试图以一种演进的动态视角，观察民间营造体系的当代演进，结合当代建造标准和工业化产品，探讨基于地方性的绿色建造模式。图集通过关键节点和做法的提升，以一种开放的体系，适应民间自主营造习惯。同时，图集在编纂过程中尝试保存建造中附加的文化理解和习俗，避免对传统营造的图像式和符号化延续。希冀通过这样的方式，使营造体系可以依托地方社会，自我提升与完善，保留地方营造文化活化和延续的可能。

此本《青藏高原地域绿色建筑设计图集》是西部地域绿色建筑图集系列丛书的一部分。青藏高原地域辽阔，自然环境差异大，图集篇幅有限，难以详尽。基于此，图集更多是进行模式和方法的探讨，在对象上有所聚焦。其一，在内容上更偏重于地方建筑围护结构演变与当代发展；其二，在建筑类型上，更为关注乡土建筑，特别是民居建筑。其三，青藏高原传统建筑类型多样，图集聚焦于中西部地区的典型藏式房屋，对青藏高原东部的木构民居体系等未能广泛涉及。择典型案例汇编，以资参考。

课题研究团队中的赵群、王珂、胡滨、陶金、李欣、张成老师等对图集编写给予了大力协助。图集编写过程中还受到刘煜、谭建魂、张筱芳等专家的指导。研究生张莹颖、李晗玥、王威、展玥、张倩、肖榆川、谢子涵、朱啸宁等参与了图集的编写工作。在此一并表示感谢。

第 4 章

青藏高原地域绿色建筑部件设计

第 5 章

青藏高原地域绿色建筑被动式采暖技术

第 6 章

"文绿结合"的青藏高原当代优秀建筑案例解析

第1章

概述

本章分别介绍了地域性、低技术性、经济性、开放引导等四大图集编纂原则及方式。

1.1 编纂原则

以往高寒藏区的建造活动，多依循西南地区或严寒和寒冷地区的图集与标准，欠缺对西藏地域性特色的考量。而高寒藏区特殊的地域与人文环境决定了我们只有在尊重当地实际条件的前提下，分析总结出适合该地区的营造原则，在这些原则性纲领的指导下进行建造活动，才能真正与当地实际情况相结合，为高寒藏区提供一条真正的适宜性路线。故本图集将从传统建造模式出发，在注重传统建筑文化延续性的前提下，通过对外围护体的适应性改造，回应传统建筑的演进需求。

目前演进过程中最凸显的问题就是农耕文明下的传统建造与现代文明下的新材料新技术难以系统性整合的问题。现代建造技术的介入使得地方的建造文化面临被忽视、甚至替代的危机，而传统建造文化长期持续的影响力使得现代建造有必要对其有所回应，在以民众自发性建造为主体的演进过程中，这种回应往往是表面化与风貌化的，于是就造成了对地方建造文化的解构与异化，例如用装饰线条模仿传统石墙砌筑形成的表面肌理、夯土墙面的手抓纹等。本研究不鼓励上述违背建造过程的原真性的做法，期望从注重传统建造文化延续性的角度，在还原传统建造过程，特别是传统建造活动和当地居民生产生活关系的基础上，结合现代材料与构筑方式对围护构造进行热工性能、抗震性能方面的提升，从而达成两个目标：一是针对当下生活需求，回应当地民居的演进，对室内热环境舒适度与安全性能等方面进行提高，功能上也在回应传统的同时满足新的需求；二是形成开放式的体系，使得优化的建造仍能容纳于传统的建造方式，即当地居民的自发建造，而不是复杂到必须由施工队来完成。

1.1.1 地域性原则

民居建筑在漫长的发展过程中，反映了乡村生活的文化氛围，文化的差异性是民居建筑的灵魂，决定了民居建筑的形式。面对新时期西藏地区的快速发展，我们应该坚持尊重历史、尊重地域、尊重传统的文化思想，保持特定场所的独特的性格特征。因此，对于文化我们应该采取尊重、继承的态度，从而营造属于西藏地区自己风格特征的风貌。

1.1.2 低技术性原则

低技术偏重于从地方建筑角度去挖掘传统建筑在节能、通风、利用地方材料等方面的手法，并加以技术上的改良，在顺应自然的基础上追求建筑与自然环境的和谐统一。低技术手段易于操作，并且造价低廉，体现了极大的生态价值。低技术应用门槛低、便于就地取材，在经济和技术受限地区，以较少的投入就能获得较大的收益。低技术注重回归自然和传统，强调回归技术本源，它体现了一种"实用"的现实理念。低技术以经验和实践为基础，具有浓厚的地方色彩，通常会结合当地的气候、地形条件，因地制宜地采取相应的技术措施。运用可循环的地方性材料，取材便捷、技术要求低、便于操作。

1.1.3 经济性原则

经济性、适用性一直是西藏地区民居建筑材料选择的最基本要素，材料的发展决定了民居建筑构造方式的变化，以至影响到民居建筑风貌的变化。

民居建筑适宜的地方性适用技术注重效益而非效率的自然生态技术观点，不同于高技术的高投入与高效益，以尊重自然气候、地理条件为指导思想，在适宜经济的条件下，采用适用技术手段，完成了民居建筑在物质功能与精神感受两方面的需求。传统民居中蕴含的生态智慧的构造技术范式在当代仍有很深刻的价值，辅以现代技术手段，使其重新获得适宜性，能够充分发挥其经济性、地方性的优势。

1.1.4　开放引导原则

开放引导是指有限的、局部的、非完整的介入方式。对于民居系统而言，过多的源自他者的干预将会使系统失去自我调节的能力，成为"他组织系统"。具体而言，介入包含宏观策略性的介入，以及微观构造层面的技术支持。前者从宏观上给出优化策略，从房屋空间系统角度提升室内人居环境；后者提供不同程度优化的构造措施，从建造的角度提升房屋的合理性。而是否采用某种策略、采用哪种策略，选择权依然属于村民，基于其自身对于住宅不同层次的需求、自身的经济水平以及喜好倾向而决定。

1.2　编纂方式

本图集通过对高寒藏区地域建筑传统做法的调研，并结合当地现代建筑工业材料与技术的发展，从提高抗震、防水、保温性能的层面探讨了当地绿色建筑部件体系优化的可能性。

图集的组织方式以外围护体各部位为区分分别展开，由屋面、外墙、楼地面、外窗及被动式采暖等几部分构成。每一部分都是基于当地当下大量使用的传统构造体系进行的改良提升，为了提供更开放的体系，对每处构造都尝试了多样的改良方式，在体现文化延续性的同时充分结合了传统建造与现代材料工艺以满足当下的绿色建筑的演进需求。

第2章

青藏高原传统建筑概况及演进

本章从地形气候、平面形制、材料与结构特征等方面综述了高寒藏区传统建筑特征，并以拉萨周边农村地区传统民居为样本，简述了自 1980 年代以来传统民居外围护体的演变情况及其存在问题。

2.1 高寒藏区传统建筑

高寒藏区传统建筑是根植于雪域高原的精神文明与物质文明叠合的产物，西藏人民遵循因地制宜、就地取材的原则，在长期的建筑实践中创造了独特的属于青藏高原的建造技术与建筑形式。其历史源远流长，可追溯至新石器时期。在昌都的卡诺遗址中曾发掘出丰富的建筑遗存，表明当时的高原人就已经懂得建造半地穴石墙平顶房屋，其建造选址、构造做法、室内防潮、砌筑技术等都达到了相当水平 [1]。高寒藏区传统建筑既是适应高原气候的地域性建造，又是藏族人民宗教信仰的表达。

2.1.1 地形与气候

西藏自治区位于我国西南边陲，青藏高原的西南部，平均海拔达4000m以上，素有"世界屋脊"之称，是以藏族为主体的少数民族自治区。全区为喜马拉雅山脉、昆仑山脉和唐古拉山脉所怀抱，地形地貌复杂多样，可分为藏北高原、藏南谷地、藏东高山峡谷和喜马拉雅山地四个地带。全区气候总体上为西北严寒、东南温暖湿润，呈现出由东南向西北的带状分布，但由于地形复杂，因而还存在多种多样的区域气候及明显的垂直气候带。总体气候特征为：日照时间长，辐射强；气温较低，温差大；干湿分明，多夜雨；冬春干燥，多大风；气压低，氧气含量少。在建筑气候区划上包含了温和、寒冷、严寒三种类型的地区（表2-1）。

西藏自治区建筑区划指标与要求列表　　　　表2-1

分区代号	分区名称	气候主要指标	辅助指标	建筑基本要求
V$_A$	温和地区	1月平均气温 0~5℃ 7月平均气温 18~25℃	年日平均气温 ≤ 5℃的日数 0~90d	应满足湿季防雨和通风要求，可不考虑防热，应注意防寒
VI$_A$	严寒地区	1月平均气温 −10~−22℃ 7月平均气温 10~18℃	年日平均气温 ≤ 5℃的日数 90~285d	应充分满足防寒、保温、防冻的要求，夏天不需要考虑防热。VI$_C$区和VI$_B$区尚应注意冻土对建筑物地基及地下管道的影响，并应特别注意防风沙。VI$_C$区东部建筑物尚应注意防雷击
VI$_B$		1月平均气温 −10~−22℃ 7月平均气温 <10℃		
VI$_C$	寒冷地区	1月平均气温 0~−10℃ 7月平均气温 10~18℃		

特殊的地理条件与民族、宗教、文化等因素，共同造就了西藏自治区独特的生产生活方式和民居建筑类型。受环境条件的制约，西藏地区的传统民居遵循"因地制宜、就地取材"的原则，充分利用当地材料，形成了独具地方特色的建筑风格。在海拔4500m以上的西北部（阿里、那曲地区），气候寒冷，多为纯牧区，所以民居的基本建筑形式为帐篷，即使有土木结构的房屋，结构也十分简单，多为生土夯筑的平房；海拔3000~4000m的东南部（拉萨、山南、日喀则等地区），气候温和，雨量大小适宜于种植农作物，因此多为农区、半农半牧区，建筑结构更为复杂，居住条件也更好，多为土木、石木结构的两层楼房带院子的独户藏式平顶房；在雅鲁藏布江下游和东部三江流域一带有茂密的原始森林，海拔2000~3000m（林芝地区），这些地方为林区，屋顶形式也区别于其他区域的平屋顶，多为双坡屋面或歇山，墙体有木墙、石墙、石

---

[1] 徐宗威. 西藏传统建筑导则 [M]. 北京：中国建筑工业出版社，2004：2.

木复合三种类型；除了因地域环境不同、生产生活方式不同形成的三个区域外，还有以拉萨、昌都、日喀则等几个城市为中心的城镇居民区，因人口更集中而出现了石木结构的二、三层楼房或多户住一院的合院形式。

2.1.2 基本特征

西藏传统建筑具有独特的建筑形式与风格，本图集着重探讨的是分布范围最广的农区民居藏式平顶房，其基本形象特征体现为墙体厚重收分、层高较矮，用色丰富具装饰性，以及宗教元素与建筑的融合。

严寒的气候和就地取材的建造习惯造就了西藏传统民居特色鲜明的外墙体系，山区多用石材，平原地区则土石结合。砌筑墙体时，使用收分和加厚墙体的方式保证建筑物的保温性能和稳定性。其中山区的民居依山就势，为保证其稳定性，墙体的收分更为明显。受自然条件和运输条件的制约，西藏传统民居无法使用过长的木梁和木柱。因为传统建造中运输木材主要依靠牦牛、马或人力，牛马身长约两米，可驮运的木材只能是 2~3m 长的短料，超过 3m 则不便于驮运，因此传统层高较矮，为 2.1~2.4m，开间大小也很固定，柱距和檩跨约为 2~2.4m[1]，常见的一柱间房屋大小约为 4m×4m。当需要扩大空间时，则使用连续的柱拱梁构架，形成柱网结构，建筑整体使用收分墙与柱网结构共同作为承重体系。

西藏传统民居往往用色鲜明，以大色块突出檐口、女儿墙等构件。最

常见的用色为白、黑、黄、红等，每一种色彩和不同的使用方法都被赋予某种宗教和民俗的含义[2]。白色代表吉祥，常用于民居外墙；黑色驱邪，最常见于门窗四周的一圈门窗套，也有一定吸热作用；黄色脱俗、红色护法，常用于寺院的外墙，黄色用于下部墙面，红色多用于边玛墙与檐口处，民居的檐口也会使用红色。此外，门窗楣、门窗框、天花板、内墙面、梁及柱头都有配色鲜艳的彩绘（图2-1、图2-2），细部和室内的彩绘用色比立面更加丰富多彩。

此外，西藏传统民居的布局、装饰及功能还不同程度地体现出宗教思想的影响。大型建筑或寺院在确定了基地后要请活佛或堪舆师来确定朝向，既有风水的考量也极具宗教色彩。民居中同样如此，通常需要请到当地德高望重的僧人，确定选址、朝向、房门和院子的设置等，如请不到则由家中的长辈或经验老道的石木匠师傅来确定。不同于其他地区将柱子立于四角的做法，藏式建造中无论是牧区的帐篷还是土木、石木

图2-1 窗楣彩绘　　　　　　图2-2 柱头彩绘

---

① 木雅·曲吉建才.西藏民居[M].北京：中国建筑工业出版社，2009：58.

② 徐宗威.西藏传统建筑导则[M].北京：中国建筑工业出版社，2004：11.

结构的房屋，都是将木柱立于居室的中心，体现了古代佛教的宇宙观，即世界的中心在须弥山，建筑被视为世界的缩影，因而木柱被认为是世界的中心，信教群众还会向屋内的木柱敬献哈达①。屋顶的五色经幡也叫风马旗，用来表达对世界万物的崇敬，每逢藏历新年会进行更换，门窗套部位的黑色装饰也会每年涂刷上色。民居无论大小都会设经堂或佛龛，每家都有煨桑炉，有的家庭每日早晨都会煨桑，既是宗教仪式也是一种民俗活动。

2.1.3 平面形制

西藏传统建筑的布局往往因地制宜，部分建筑还会依山而建，因而平面形式及组合较随意，矩形、梯形、圆形、半圆及多边形都可见到。农区民居藏式平顶房的典型平面以矩形及其组合为主，最常见的是矩形、凹字形和 L 形三种，也有的民居受院落局促或地形所限的影响因地制宜建造，形制并不规则。院落布局上主体建筑位于院子北侧，坐北朝南，以获得更好的光照。房屋的整体尺度和房间尺度通常都是长度大于进深，或为正方形，因为进深越大，房间内照不到阳光的空间就越多，房屋的整体温度越低。南向的大窗和进深小开间大的平面模式都是为了最大程度地利用太阳能为房屋保温。另一个布局上的特点是各个房间之间的串联式布局，出于节约空间与保温的需要，房间布局紧凑，各房间之间仅以门作为分隔，没有过渡空间。

① 徐宗威.西藏传统建筑导则 [M].北京：中国建筑工业出版社，2004：5.

1）矩形平面

单层民居常用矩形平面，因为厕所在藏族的洁净观里被认为是不洁的空间，所以往往布置在主体建筑之外，且凸出院墙布置。主体建筑居中的一间用于起居会客，相当于客厅，厨房和卧室都位于一隅，北侧的房间居中一间为佛堂，其他房间都作仓库使用。厨房在藏族的居住习惯中不仅用于做饭，冬季严寒气候下，一家人都会围坐在设有牛粪炉的房间取暖、喝酥油茶，所以厨房又称为"主室"，是冬季的起居、吃饭、会客场所，晚上作为老人和未成年子女的卧房，是室内活动的核心场所（图 2-3）。

2）凹字形平面

二层民居的凹字形平面中，一层中间一间为客厅，因为有了二层空间，

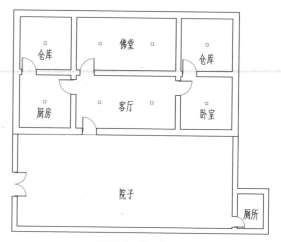

图 2-3　矩形平面

所以一层除了厨房外，其余房间通常为仓库。二层中间一间为佛堂，其他房间通常南侧为卧室，北侧为仓库。厕所作为不洁的空间仍旧布置在主体建筑之外。

　　凹字形平面中因为二层晒台的存在会在一层入口处形成一个阴廊，这一半室外的灰空间也是很重要的功能空间。通常也摆有沙发、茶几和条凳等。农民们劳动归来，身上粘了很多尘土，不直接进入室内，就在廊子底下休息或换外套，平时也在此搞一些副业，如缝纫、织氆氇等[1]（图 2-4）。

3）L 形平面

　　二层民居的 L 形平面，相当于凹字形平面省去了西南角，一层中间一间为客厅，二层与之相对应的房间为佛堂，一层除东南角布置卧室或厨房外，其余房间通常为仓库。厨房通常布置在南侧一隅，位于一层或二层由户主人的生活习惯而定，通常位于一层，但如果主要起居空间、卧室等都在二层，一层多作为仓库，则厨房也会放在二层。厕所即使不刻意凸出院墙也会脱离主体建筑布置。如 L 形平面西侧房间为两柱间则会和凹字形平面一样在一层入口处形成阴廊（图 2-5）。

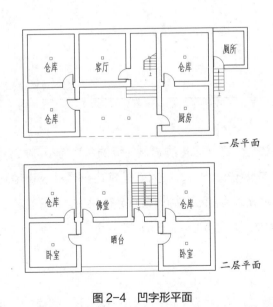

图 2-4　凹字形平面

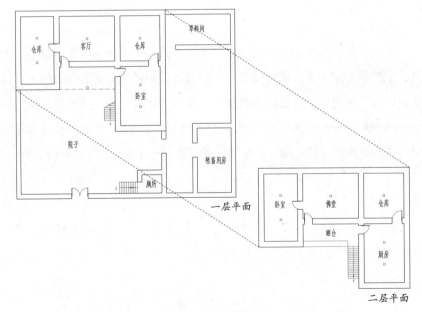

图 2-5　L 形平面

① 木雅·曲吉建才.西藏民居 [M].北京：中国建筑工业出版社，2009：82.

2.1.4　材料与结构

1）用材特点

　　就地取材是藏族传统建筑最主要的用材特点，各地的传统建筑在用材上既有共性又有区域性。农区为主的拉萨、山南、日喀则等地区盛产土、石，木材较少，所以建筑多为土墙、石墙，屋顶也为土质；阿里地区多土，石材匮乏且质量差，因此不论寺院或民居都为夯土墙；林区为主的林芝地区盛产木材，所以除外墙用土石外，内墙多为木板及轻质抹泥板，二层部分外墙及院内檐墙用原木叠垒，端头转角处咬合而成木墙体，称"木楞房"，室内用木地板，双坡顶覆草、木板瓦或石板[1]。

2）构造做法

　　农区民居藏式平顶房都是土木、石木混合结构，外观特点为厚墙、窄窗、平屋顶。结构上采用外墙承重与柱网承重相结合的方式。墙体上下贯通，四周墙体内用梁柱组成纵向排架，梁上铺密椽。上下层建筑的梁柱排架上下对齐在一条垂直线上，一般不使用通柱[2]。构造上可分为基础、墙体、楼地面、屋顶与门窗几部分，墙体有夯土墙、土坯墙、石墙三种砌筑方式。

（1）基础

　　基础的做法主要视地形条件而定，山地较简单，河谷平原地区则需要开基槽，做好基础再砌墙身，具体做法见表2-2。

① 陈耀东.中国藏族建筑[M].北京：中国建筑工业出版社，2007：20.
② 徐宗威.西藏传统建筑导则[M].北京：中国建筑工业出版社，2004：240.

基础做法③　　　　　　　表2-2

山地建筑	河谷平原地区建筑
不开凿基槽，在基础部位清除浮土浮石直到坚实的山石，凿平基底后即可砌石（山地建筑通常为石墙）	1. 开凿基槽，宽度略大于墙体，深度视土质情况而定 2. 铺一层较大的石块作为底石夯实基底，用碎石和泥浆塞缝夯实 3. 再铺一层石块，用碎石和泥浆填缝夯实 4. 铺至基础出地面两层石块后，即为室内地坪，可以向上砌墙身

（2）墙体

　　收分和厚重是西藏地区传统建筑外墙的两大特征，通常外侧有收分，内侧不收分，内墙不收分，二层内墙通常比一层薄。山地建筑比平原地区的建筑外墙收分大，会随山势调整收分的比例。石墙比夯土墙收分大，石墙一般收1/10，夯土墙收1/15~1/10，土坯墙直砌不收分。外墙做法见表2-3。

①夯土墙

　　夯土墙在藏式传统建筑中十分流行，常用于大型建筑以及石材匮乏地

③ 陈耀东.中国藏族建筑[M].北京：中国建筑工业出版社，2007：22.图片自绘。

外墙做法　　　　　　　　　　表 2-3

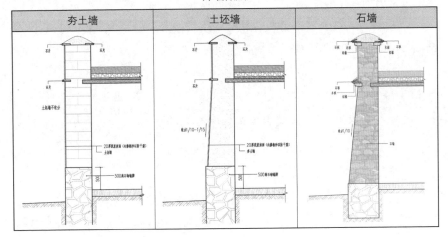

夯土墙	土坯墙	石墙

②土坯墙

土坯墙是西藏最普遍使用的一种砌体，取材容易、砌筑方式简单且建造快捷，尤其常见于民居中。制作土坯的原料就是当地的黄土、砂石，再加入少量稻草以防止断裂，砂土活成泥后放入木模中成型，拉萨周边民居外墙土坯尺寸约为 100mm×200mm×450mm，围墙和内墙较小约为 100mm×200mm×400mm，土坯脱模后风干晒制 1 个月左右即可使用。砌筑时需要先砌高约半米的两三层石砌墙脚防潮，一顺一丁砌筑，注意上下层错缝。每砌完一层需要铺一层稀泥作为找平层，再向上砌。砌好的土坯墙要做粉刷，先用砂型合适的黏土浆打底，再涂一层更稀的泥浆并用大拇指以外的四个手指划出宽约 30cm、弧线在上的竖形花纹，称为"手抓纹"（图 2-6），既能对雨水导流以保护墙面，又有一定的装饰作用，最后在墙面上抹一层白灰。

区民居、寺庙等建筑的建造。建造时先在夯实的地基上砌筑二三层石砌墙脚，按石墙的宽度在上层用两块木板作砌墙的模子，木板的头尾用两根粗大的木棍横向排列，将木板和木棍用绳子捆绑；在做好的模子里倒入调配好的泥土；用专门的工具夯打，达到指定的高度为止[①]。用料的泥土中要含一定砂石，避免墙体在逐渐干燥的过程中出现裂缝。夯筑时使用的夯板各地区的尺寸有别，但厚度需保证 5cm 以上以防止变形。山南、日喀则、阿里等地尺寸较大，长 2m 多，高约 1m，拉萨周边地区一般采用可反复拆卸使用的箱式夯筑模具，尺寸较小，长约 1.8m，高约 40~60cm，但箱式夯筑墙体往往没有收分或收分较小，故仅适用于一层民居。如要建造二层民居或更大型的建筑，则需要用更长的木杆支模，分层夯筑。

图 2-6　手抓纹

---

① 徐宗威. 西藏传统建筑导则 [M]. 北京：中国建筑工业出版社，2004：472.

藏式建筑即使再高，也不搭外脚手架，砌筑时均使用内脚手架，因为层高不高，故每层只需要搭一层高约 1.3m 左右的脚手架，每一层楼面盖好后作为下一层的工作层。

③石墙

砌筑石墙的材料分为块石和片石。块石作为砌体，尺寸通常为 170mm×230mm×350mm 左右，因为此规格的石块重约 20~30kg，即一个人方便搬运的重量。片石用来垫平、塞紧块石之间及上下两层块石之间的缝隙，通常厚 2~3cm。砌筑时先砌一层块石，再叠压一层片石找平，既使外墙更加坚固稳定，又有一定装饰作用。上下两层块石间也需要注意错缝。外墙的收分是在砌筑时每一层比下层稍向后退，门窗洞口处用木过梁，预留出门窗洞口的位置。

石墙比土墙更加防潮、坚固，但因为开采难度大，运输成本高，所以只在有石可采的区域可见到。由于石墙自重大、砌筑难度高，所以也会有一层为石砌，上部改用土坯的做法（图2-7）。石砌墙体外部一般不做装饰，真实地展现出石材的砌筑方式（图2-8）。

图2-7　石墙与土坯墙混合做法

图2-8　石墙肌理

④木板墙

木板墙见于树木资源丰富的林区，常采用石木结合的方式，石头作为基础与勒脚，木材做外围护结构。

（3）楼地面

西藏传统建筑楼地面的做法都比较简单，地面通常为原土夯实，不另作处理，寺院或等级较高的建筑会在原土夯实的基础上再铺一层阿嘎土 ①，夯实作为面层。

楼面的做法类似，通常在椽子上密铺修整过的树枝作为承重层（图2-9），承重层上铺一层直径小于 10cm 的卵石或碎石，用于通风透气，不致使承重层的木料糟朽。卵石层上再铺厚约 10cm 的黏土垫层，找平、闷水夯筑平整。做完垫土层后，在下层柱顶的位置将部分垫土挖去到卵石层，在柱位上放石块作为楼层的柱础，而后砌筑上层的结构。等到房屋封顶或室内装修完成后，再在楼面垫土层上铺 15cm 的阿嘎土或黄土，夯实后作为面层 ②。

在林区，也会有在椽子上直接铺木板作为楼面的情况。

（4）屋顶

①屋面

屋面同楼面一样，分阿嘎土和黄土两种做法，做法也类似，只是卵石

① 西藏传统建筑中用于楼面和屋面的一种当地特有的建筑材料，是一种略带黏土的风化石灰岩，经夯打后表面美观光洁且有防水作用，是等级较高的做法，常用于寺院、宫殿等大型建筑。

② 陈耀东.中国藏族建筑[M].北京：中国建筑工业出版社，2007：36.

层上的阿嘎土或黄土垫层需要找坡做泛水。黄土屋面较简单，在垫层上铺厚约 3cm 的黄土，轻轻拍打即可。阿嘎土屋面打制时则更精细，先在垫层上铺 5~10cm 厚的粗阿嘎土，人工踩实夯打，夯至表面起浆后，薄薄地铺一层细阿嘎土，再继续洒水夯打。一般的打制时间为 7 天左右。面层密实后将泛起的细浆除净，然后涂上榆树皮胶，用卵石打磨。最后再涂菜籽油 2~7 次，使其渗透阿嘎土面层[1]。

阿嘎土等级高，防水性能好，开挖也比较困难，所以黄土是民居普遍使用的屋面材料。黄土也并非一种统一的土质，是当地村民在附近山中找到的黏性较强又不易开裂，因而有一定防水性能的土，西藏各地都能找到这样的土，各地的土也不一样，这种屋面土在藏语中被称为"托萨"。屋面北墙设置有引导屋面雨水的引水槽，大多是木质的。引水槽向外挑出墙面大约 400~600mm，使排出的雨水远离墙基。排水口多设置在建筑外立面女儿墙下部，多为竖向矩形，也有方形口。

图 2-9　楼面仰视

图 2-10　边玛墙

②女儿墙

藏式平顶房一般都有女儿墙，高度在 40~50cm。砌筑方式和外墙相同只是不收分。女儿墙上铺设一层挑木，挑木为 6~8cm 的小方木，间距 18~20cm，再把薄木板铺在小方木边沿上，然后准备好的青石板作为压顶，形成屋檐。青石板上用黏土和小石头铺成半圆形，以便排水。屋檐方木和铺板涂酱红色涂料，作为檐口装饰。一般还会在女儿墙四角又砌筑高 50cm 左右，每边长 60cm 左右的 L 形墙垛。墙角内部由小条石连接，便于插立树枝风马旗杆[2]。

另一种较为特殊的女儿墙做法是边玛[3]墙（图 2-10），仅用于宫殿、寺院中的重要建筑和重要的贵族庄园。其墙厚的 2/3 为边玛，1/3 是石头砌筑，既能起到装饰作用，又能减轻墙体自重。

（5）门窗

西藏传统建筑均使用木门，房门高度较矮，低一点的只有 1.5m 高，高一点的也只有 1.7m 高，即使寺院的大经堂正门高度也只有 1.8m 左右，此外门槛也较高。房门矮小是出于保温、防御野兽侵袭的考虑，此外还有驱鬼避邪的宗教因素。门上设置门楣，起遮风挡雨和装饰的作用，进户门会设置阶梯形的门头或门斗栱，门上常挂门帘，起遮挡视线和装饰作用。较复杂的门还会用彩绘、雕刻作为装饰。门窗洞周围三边被涂黑的部分称为门窗套，通常为直角梯形形状，部分地区为牛角状（图 2-11、图 2-12）。

① 徐宗威. 西藏传统建筑导则 [M]. 北京：中国建筑工业出版社，2004：318.

② 木雅·曲吉建才. 西藏民居 [M]. 北京：中国建筑工业出版社，2009：110.
③ 边玛"为藏语，指一种灌木树枝。

图2-11　门套

图2-12　窗套

门窗套采用黑色在民间的说法很多，一是指阎罗王的角是黑色的，二是指魔天鬼神胡须是黑色的，三是指凶悍的护法神是黑色的，故黑色有威严震慑之意，采用黑色门窗套可以避邪驱魔[①]。另外，黑色的门窗套有利于在白天吸收储藏太阳能，调节室内温度。

　　窗同门一样开洞较小，南面开窗较多且窗台较低，以扩大采光面积，一般不在北向开窗，宫殿和寺庙中还会在建筑东南角设置"拐角窗"，为了让早晨太阳刚出来时阳光就能照进屋内，尽快使室内升温。窗的形式以平开窗为主，部分为固定窗。窗上设置窗楣，起遮风挡雨和装饰的作用。同门帘一样，有窗楣帘和窗帘，窗帘起遮挡视线、装饰和防晒作用，窗楣帘除布料外也可用铁皮制作。窗户左右和底边涂黑的部分为窗套，和门套一样是藏式建筑的独特做法。在玻璃没有普及前，窗扇为木板或格栅。

---

① 徐宗威. 西藏传统建筑导则 [M]. 北京：中国建筑工业出版社，2004：479.

2.2　高寒藏区传统民居演进观察

2.2.1　演进趋势与原因

　　藏式平顶房是西藏最具代表性的传统民居，广泛分布于拉萨周边地区、山南地区、日喀则农区及半农半牧区、昌都农区、阿里和那曲地区南部，是在地域、气候、文化等多维因素影响下产生的西藏特有的民居类型。随着建造技术的发展，藏式平顶房仍是当下民居的基本形式，但在用材、结构、格局上都有了一定的发展与变化。

　　随着西藏地区的经济水平不断提高，与其他地区的交流也不断加强。一方面，经济实力的提升和政策的扶持引发了藏族群众提升物质生活水平、改善居住空间质量的愿景，家庭收入的提升为民居的改建、重建提供了物质基础；另一方面，随着川藏、青藏、滇藏公路的修建及铁路、航空等交通手段的成熟，西藏地区的基础设施建设稳步推进，交通问题得到了相当程度的改善，再加上工业生产体系的完善与发展，建材市场的服务半径从城区逐渐延伸到乡镇，传统建筑材料之外的建材得以进入广大的农村地区，如铝合金窗、水泥砖、混凝土、彩钢板、GRC材料、防水卷材等，这些新建材和新的建造技术都在慢慢介入当代民居的建造中。另外，随着藏族群众生计状态的变化，年轻一代不再以务农为生，而是投入到当地的旅游、运输等行业，或者外出打工赚钱。农村地区逐渐走向空心化，平时青年劳力居家者少，导致无法满足传统建造中村民互助盖房的人力需求，加之组织化的专业施工队介入，使得西藏民居的建造方式也在逐步变化。西藏传统建筑因为地缘与宗教因素，长期以来已经在材料、结构及建造上发展出完整的体系及与之对应的民族建造文化，但传统材料在保温、防水、抗震等性能上仍存在一些固有缺陷，在室内热环境舒适度上无法提供更好的保障。社会环境的变化与现代建造体系的介入，虽然带来了更先进的材料与技术，但自发建造的民居却仍然缺乏完善的保温、防水、抗震等体系方面的考量，且一定程度上破坏了蕴含在传统建造中的文化传承，例如在水泥砖外墙面勾勒出土坯墙面的手抓纹等丢失原真性的做法，也有的新建民居在外墙面上贴瓷砖，使用完全新式的材料语言。在西藏经济社会的发展进程中，此类建造层面的发展迭代是不可避免且有意义的，所以我们有必要考虑如何在这一进程中既满足居民生产生活的需要，又能够延续当地独特的传统建造文化。

2.2.2　传统民居的演进阶段

近年来，西藏经济、社会飞速发展，建造体系也随之经历了较为快速的迭代。建筑材料上，从早期的生土夯筑，土坯砖、石材的使用，到近年来逐渐流行的框架体系；建造方式上，从村民互助、雇佣工匠，到如今的施工队包工包料，方方面面都在发生变化。拉萨作为西藏自治区首府，政治经济文化中心，是全区发展速度最快，现代化程度最高的城市，其周边村镇民居受现代建造技术的影响较大，是观察传统民居当代演进过程的样本。故本研究以拉萨周边农村地区为切口，选取了传统农耕村落及新近开发中的旅游村落为对象①，通过对传统民居的测绘与田野调查，对拉萨地区传统民居的演进进行总结，主要将其分为三个发展阶段。

---

① 调研的传统村落包括拉萨市堆龙德庆县乃琼镇贾热村，林周县联巴村，墨竹工卡县甲玛乡赤康村等；新近开发中的旅游村落指城关区慈觉林村。

第一阶段：1980 年代 ~2006 年

受建筑使用寿命的限制，拉萨地区现存传统民居的建筑年代最早可追溯至 1980~1990 年代，2006 年起西藏全区开展了以农房改造、游牧民定居和扶贫搬迁为重点的农牧民安居工程，以政府补贴等形式影响了民居的建造，因此将安居工程开展之前划分为一个阶段。典型民居案例见表 2-4。

第一阶段典型民居　　　　　　　　　表 2-4

所在村落	拉萨市林周县联巴村
建造时间	2004 年
建造材料	土坯砖

1）材料和建造方式

这一阶段受外部社会环境影响较小。建造的民居基本都延续了传统材料和构造做法。因自然资源条件的不同，有的地区使用石墙，有的地区为土坯砖或夯土墙，拉萨周边地区土坯墙的使用较为广泛。早期的石头是从山上或河道捡来的，到了 20 世纪初，十三世"达赖喇嘛"时期才开始培养采石工，有了较为规整的砌筑石块[①]，水泥也开始在部分家庭使用。石材虽然比土坯砖坚固，但因其开采难度大、价格高，只有富裕人家才能够承受。因此该时期的拉萨民居墙体以土坯砖为主（图2-13），即使是毛石砌筑的民居，其上层也多改用土坯砖砌筑（图2-14）。砌筑用的毛石需要自己上山开采或捡拾，材料的准备期较长。土坯砖同样需要晒制 1 个月左右才能开始建房，但砌筑过程都较快，从开始砌筑到装修结束整体完工快则仅需 1 个月左右。

图2-13　土坯民居　　　图2-14　毛石民居

---

① 木雅·曲吉建才. 西藏民居 [M]. 北京：中国建筑工业出版社，2009：74.

民居整体的选址设计等由家中老人负责，建造过程主要通过村民互助的形式，不需要给付工钱，只需提供饭菜，需要另外花钱雇佣的只有木匠、石匠和彩画师傅。

2）构造方式

（1）外墙

该时期民居外墙基本延续传统做法，具体见 2.1.4。

（2）屋面

该时期民居屋面基本延续传统做法，具体见 2.1.4。

（3）外窗

该时期民居一层通常为粮仓等储藏空间，基本不开窗或开 0.7m×1m 左右的小窗，而二层南向窗为了获得足够的太阳光，尺寸相对大些。为了让早晨太阳刚出来时阳光就能照进屋内，尽快使室内升温，会在房屋东南角上设"拐角窗"（图2-16）。

该时期拉萨民居的窗户多为木窗，门窗洞口的木过梁上有木质出挑构件（图2-17），木质构件上绘有精美的彩绘图案。图案多以花鸟为主，基本不出现人物，主要是因为藏民认为彩画中的人物会给家中带来灾祸。在比较富裕的家庭也有挑出三层椽子的。

为保护木质构件不受阳光，雨水的侵害，在其外围会挂上"香普"进行保护。为了延长"香普"的使用寿命，有些藏民将其换成铁皮材质。窗楣上的木质出挑虽然不大，但有效地保护了门窗的木质构件，并起到一定

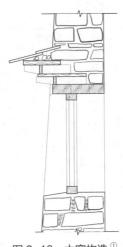

 图 2-15　拐角窗　　　　图 2-16　木窗构造 [1]

 图 2-17　牛粪炉　　　　　　图 2-18　藏床

的遮阳作用，调节室内热环境。

3）空间功能与布局

　　受冬季严寒气候的影响，西藏传统民居中保持着"围炉而居"的传统，使用的牛粪炉（图 2-17）既是取暖设施也是做饭的火灶，传统民居中并没有客厅的概念，放置牛粪炉的房间就是"主室"，是整个房屋的核心空间，尤其在冬季，一家人都会聚集在主室，房间内放置藏床（图 2-18），晚上作为老人和未成年子女的卧房。1990 年代后，煤气灶的逐渐普及将做饭与取暖两件事分割开来，于是开始出现独立的厨房，从而避免做饭时的油烟对主室的影响。

---

① 木雅·曲吉建才.西藏民居 [M].北京：中国建筑工业出版社，2009：66.

　　这一阶段民居的院子通常都很大，主体建筑在院子北侧，其余空间人畜分离，会单独隔出蓄养家畜的区域，通常养牛羊。人活动的院落部分会沿着围墙搭建简易的车库或工具房等半围合空间。

　　这一阶段的二层民居通常不在一层布置生活空间，而是作为库房，如院落空间不足也会蓄养牲畜，无窗或仅有小窗和通风口。通过南侧的楼梯进入二层，佛堂、客厅、卧室、厨房等都位于二层。平台上会搭建简易的遮阳棚，放置沙发和茶几成为一个半开放空间（图 2-19），在南侧的女儿墙处砌煨桑炉（图 2-20）。表 2-4 中民居主体为 2004 年建造，一二两层的建造也并非一次性完成，二层东南角的阳光间为 2018 年加建。藏族的传统是每隔十几年就会对房子进行局部的加建或整体翻新，所以现存的民居除了近几年新近建成的以外，大多是不同时期的叠合产物。

第二阶段：2006~2016 年

　　2006 年安居工程开展后，由于政府有一定的经济补贴，提高了藏民

图2-19　二层晒台半开放空间

图2-20　煨桑炉

重修或加建房屋的积极性。也正是在这一时期，大量的现代建筑材料和施工技术进入西藏，使得长期延续的西藏传统民居建筑风貌和空间格局、使用状态都有所改变。典型民居案例见表2-5。

1）材料和建造方式

这一阶段属于传统建造与现代化建造兼而有之，相互交融的时期，虽然在早期（约2006~2008年间）部分地区仍会使用土坯砖、毛石等传统建材，但整体上其使用已越来越少。这一时期的典型外墙材料是水泥砖和经过加工、外形方整的块石。块石外墙不做表面处理（图2-21），仅在接缝处用水泥填缝，块石砌体的民居会将部分木柱改为混凝土柱，有的空间甚至完全取消中柱。水泥砖做砌体则会设置钢筋混凝土圈梁（图2-22），外墙做表面粉刷后，会仿制手抓纹或石材砌筑的肌理做表面装饰（图2-23），体现对传统建造的一种表面化的模仿，也有整体贴瓷砖的（图2-24），与传统风貌区别较大。与此同时防水卷材、GRC材料、彩钢板、铝合金窗和

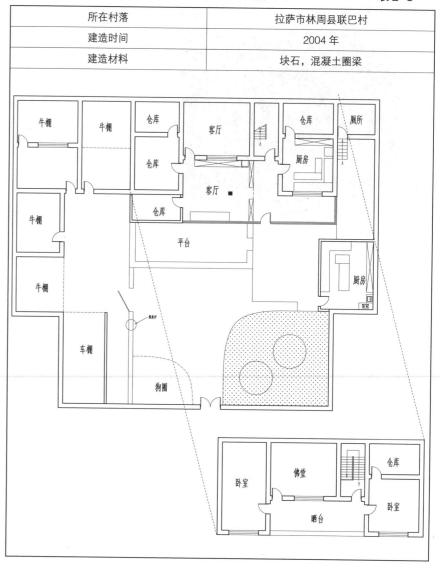

第二阶段典型民居		表2-5
所在村落	拉萨市林周县联巴村	
建造时间	2004年	
建造材料	块石，混凝土圈梁	

图 2-21　块石民居外墙

图 2-22　做混凝土圈梁的水泥砖民居

图 2-23　模仿手抓纹外墙

图 2-24　瓷砖外墙

工字钢梁都不同程度地出现在民居中。部分家庭也会使用预制的混凝土楼板代替传统的土质屋面，而附加的阳光房通常会采用彩钢屋面。

由于旅游开发或铁路征地等原因，部分村子的村民已无地可耕，从农业转向旅游业、运输业等新的生计方式，年轻人也大多选择外出务工。生产生活方式上的改变使得这一时期基本已无法通过村民互助的形式完成民居的建造，所以建造活动大量依靠施工队完成。

2）构造方式

（1）外墙

块石大小均匀，尺寸一般为 400mm×200mm×200mm，表面凿得光滑平整。因此，传统材料中起到找平和紧实作用的片石也不用了，直接用水泥或者黏土错缝砌筑。墙体大多采用一顺一丁或全丁式的砌筑方式，墙体厚约 400mm，相较土坯墙和传统石材墙体厚度大大降低，保温性能也大大降低。砌筑完成后石材直接裸露或薄薄地抹一层白灰即可。另外，为了加强墙体的稳定性和抗震性，会在建筑四角和内外墙交接处设置构造柱，并在墙体加设圈梁（图 2-25）。混凝土圈梁和构造柱的使用代替了原先传统藏族民居墙体收分的做法，从而在形态上，削弱了传统民居的延续性。

（2）屋面

该时期仍有部分藏族民居屋面沿用了木结构的屋面，但由于传统木结构屋顶构造复杂，防水性、耐久性和抗震性都相对较差，藏民大多采用了钢筋混凝土预制板作为承重结构层。屋顶使用沥青防水卷材，铺一层形成防水层，另外没有其他构造层次（图 2-26），因此屋顶保温性能较以往差，远不及传统屋面 350mm 的厚度。后来藏民意识到传统藏族民居屋顶所使用的"托萨"土具有良好的保温作用，便又重新在防水层上铺设托萨土层（图 2-27），以利用其保温隔热的功能。

（3）外窗

木窗曾在西藏地区普遍，随着铝合金型材、玻璃等现代建材在拉萨地区的普及，具有更好密闭性和抗风性的铝合金窗逐渐将木窗取代。但是铝合金

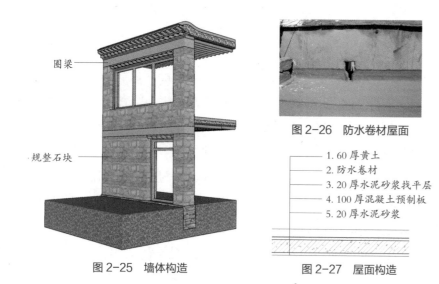

图 2-25　墙体构造

图 2-26　防水卷材屋面

1. 60 厚黄土
2. 防水卷材
3. 20 厚水泥砂浆找平层
4. 100 厚混凝土预制板
5. 20 厚水泥砂浆

图 2-27　屋面构造

的导热系数比木材大得多，单玻窗的保温性能也较差，因此室内热环境并不稳定。门楣窗楣等木材从老屋回收，门窗檐口装饰构件仍然以木材为主。

藏式香普门头是西藏民居的一种文化标志。每到藏历新年，藏民们都会更换门楣香普和屋顶的经幡。即使香普容易风化破损，西藏百姓仍沿用了传统的香普门楣，保留了这一民族风格浓郁的传统装饰。

3）空间功能与布局

因为建造技术的发展和生活水平的提高，第二阶段的民居通常都为二层，凹字形平面居多，南侧的开放式楼梯改为室内北侧的楼梯间。由于生产生活方式的改变，有的家庭不再蓄养牲畜，即使有牲畜也会安排在院中，于是在一层也可以布置生活空间，提高了便利性。一层引入生活空间后，也有了开窗的需要，打破了以往一层基本无窗或小窗的封闭格局。凹字形

平面一层的阴廊原本是作为室内外的过渡空间，但自从 2014 年左右阳光房在西藏兴起后，阴廊处通常都和阳光房结合，被拓展为新的室内空间，担任客厅的功能，一侧布置藏床藏桌，对侧布置藏柜和电视。出于日常生活的需要，少量家庭会加建水厕和洗浴间，但由于供水系统并不完备，使用上仍然存在不便之处。由于生活空间下移到一层，二层相对不方便，同时煨桑炉与块石或水泥砖墙在视觉与建造上的"不兼容"，有些人家会把煨桑炉砌在院内围墙上（图 2-28）。

厨房的功能从主室中进一步脱离，如表 2-5 中的民居主体建筑和院内各有一厨房，主体建筑内放置的牛粪炉，是冬天用于取暖的主室，而平时使用煤气灶做饭都在院中搭建的彩钢房厨房中进行，使得屋内没有油烟的困扰。

因为木材的价格较高，所以这一阶段建造的民居中出现了用工字钢梁替代木梁的情况（图 2-29），如房屋开间不大则连中柱也会一并省去，使得室内空间更自由，方便布置家具，同时也体现出宗教观念在民居中影

图 2-28　围墙上的的煨桑炉

图 2-29　代替木梁的工字梁

响力的降低。使用混凝土柱、圈梁和预制混凝土楼板的房屋,因为不受到木材长度的限制故开间也比传统建造下的房间有所增大。

第三阶段:2016 年至今

受"十三五"时期易地扶贫搬迁工作的影响,拉萨在 2016 年开工建设了 19 个以迁脱贫安置点,并从 2016 年 9 月开始陆续完成搬迁入住工作。这些安置点是由政府和建筑师主导的集中统一的民居建设活动,作为示范性项目成为农民自建房模仿的范例,使西藏民居进入了一个新的发展阶段。典型民居案例见表 2-6。

1)材料和建造方式

这一阶段的标志是村民开始热衷于雇佣施工队建造钢筋混凝土框架结构的民居(图 2-30),填充墙材料早期为实心混凝土砌块,后期逐渐开始使用热工性能和抗震性能更好的空心混凝土砌块,公共建筑中还会使用加气混凝土砌块。因为这样的民居造价较高,所以多出现在发展快经济状况好的村落,如拉萨城郊以旅游开发为发展方向的慈觉林村,其他村落仅少量新建民居使用框架结构。

这一阶段的房屋在材料使用与构造体系上完全摆脱了传统的建造,但在形式上仍表现出一定的对传统建造的追随,如 GRC 预制材料的门窗楣、模仿手抓纹或石材砌筑的墙面肌理,藏式的门头装饰等。同时因为施工队的影响及预制构件的使用,会出现一些汉藏、甚至中西混合的装饰门头等元素(图 2-31),其使用应当是出于方便或美观的考虑,却暴露出不加控制地自发建造对传统建筑文化延续性的伤害。

第三阶段典型民居	表 2-6
所在村落	拉萨市林周县联巴村
建造时间	2004 年
建造材料	块石,混凝土圈梁

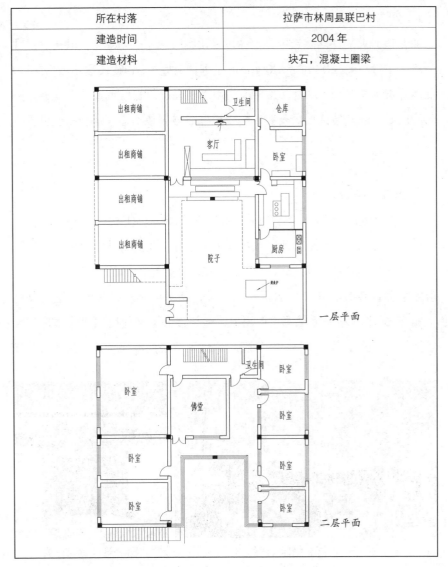

2）构造方式

（1）外墙

在该时期的民居建造中，墙体多采用实心或空心混凝土砌块砖，尺寸一般为 400mm×200mm×200mm，丁砌错缝砌筑，自建民居不做保温层，墙体厚度为 400mm 左右，面层模仿用水泥画出手抓纹图案或贴瓷砖。由政府主导统一建造的居民安置点会使用保温砂浆或对墙面进行一些保温构造设计。

（2）屋顶、女儿墙

此阶段的屋顶基本全是钢筋混凝土预制板，其上铺一层防水卷材，因没有保温层，所以屋顶保温效果极差。屋面使用沥青防水卷材，也有用丙纶防水的做法，需要先调素浆，防水效果更好；对于一些家庭经济有限的家庭亦或是在建造民居附楼的时候，藏民会用彩钢板作为屋顶材料（图 2-32）。彩钢板屋面建造简单、耐久性好。然而屋顶也是体现民居风貌的"第五立面"。彩钢板的使用取代了传统的屋面构造，如锯齿形屋面曲线和风马旗墙垛，破坏了藏族村落传统风貌的延续。

（3）外窗

该时期民居中窗框基本使用铝合金型材，不再使用木窗框的方式。究其原因，一来是由于木工的手工费用极高，二来是汉族施工队不擅长藏式木工。因此复杂的门斗栱由 GRC 压制成形的外挂构件替代，完全成为一种符号。

采用中空 Low-E 双层玻璃的断热铝合金窗也存在实际问题。GRC 预制构件的出现也开始替代传统部件，在相应的位置砌筑嵌入墙体，例如墙体的檐口，抹上水泥砂浆形成墙帽（图 2-33）。GRC 材料不像木材遭雨淋日晒容易腐烂，藏民充分利用了这一优势。

3）空间功能与布局

因为旅游开发与生计方式的转变，这一阶段的新建民居加入了一些传统民居中不具备的功能，如面向街道用于出租的商铺（图 2-34），水厕

图 2-30　框架结构在建民居

图 2-31　装饰门头

图 2-32　彩钢板屋顶

图 2-33　GRC 材料在民居中的使用

和洗浴间也更加普及。平面布局上仍多用凹字形平面，一层一般延续藏式传统建筑的串联式布局，结构紧凑，但是二楼会有走廊作为交通空间连接各个房间，走廊朝向院子由玻璃围合，相当于阳光房的作用。院中也会搭简单的遮阳棚，天气好的时候院子中被门廊和遮阳棚覆盖的区域就是人们聊天喝茶的活动区域。功能上佛堂仍然是不可或缺的空间，而煨桑炉则与房屋主体进一步脱离，有的放在屋顶，有的放在院中（图 2-35、图 2-36），形式简化为铁皮炉。

传统藏式民居专门的卧室不多，全家几代人并不会刻意分房居住，尺寸约 90cm×190cm 的藏床，沿南侧的窗布置，白天用来垫坐休息，晚上用来睡觉，所以前两个阶段中布置了藏床的"客厅"实质上也包含了卧室的功能。但这一阶段可明显看出卧室的增多，家中的未成年子女、成年夫

妇与老人都拥有了自己的独立房间，这种转变既因为可用空间变多，房屋的保温性能变好，即使在冬季也不需要全家挤在一个房间，也受到施工队带入的建造习惯与生活习惯的影响。除了空间布置，房屋的内装风格也有一定转变，不再使用藏式传统的彩绘而是直接贴壁纸，做吊顶、线脚等装饰，部分卧室内也不再使用藏床。

在这一阶段，客厅、厨房、卧室等原本属于主室的功能完全分离，但是屋内仍会放置牛粪炉（图 2-37），冬季靠其取暖，生火时也会用它煮甜茶或酥油茶，这一空间通常和厨房相连。由于设计上的合理性与空间的充足，这一阶段不会将厨房脱离主体建筑布置，抽油烟机的使用加上整洁的组合橱柜使得厨房脱离了以往充满的油污的形象，满足了藏族洁净观的需求。

图 2-34 出租商铺

图 2-35 煨桑炉

图 2-36 煨桑炉

图 2-37 放置牛粪炉的房间

第 3 章

青藏高原地域绿色建筑空间组织模式

本章归纳了青藏高原地区传统民居建筑空间组织模式，并从功能优化和热环境优化两方面入手，探索了青藏高原地域绿色建筑空间组织设计原理。

3.1 典型地域建筑空间组织模式

拉萨乡土民居主要分为"L"形，"U"形，"一"字形，开间较大，进深较短，没有南北通的大空间，建筑以南侧庭院为中心，厨房、阳光间、客厅与庭院之间都有较好的通透性，厨房和卫生间入口都开向室外，通过庭院或者外廊联系其主体建筑部分。建筑轮廓都保持北向平直较少凹凸，设置非常小的窗户洞口，南向建筑轮廓有凹凸变化，开大窗户。

拉萨城镇住宅多为4-13层，以一梯两户、一梯三户为主，平面轮廓呈现"一"字形、"凸"字形和"T"形，建筑开间小，进深大，有些住宅房间南北向数量设置过多，建筑客厅餐厅除个别洋房中是东西向布置，大部分都是南北向布置，极少设置经堂，具有南北通的大空间的住宅占大部分比例。

影响拉萨乡土民居建筑形体的主要因素是厨房、餐厅和阳光间的布置方式与其在平面中所的所处位置（表3-1）。

在调研的拉萨乡土民居中，原始平面为"一"字形的平面居，数量占到50%，"U"形平面占比为33.3%，而"L"形平面占比为16.7%。厨房与建筑的位置关系分为独立于建筑之外和毗连建筑这两种形式，独立餐厨和毗连的餐厨所占比例都为50%，由图3-1厨房位置示意可知，大多数"一"字形平面经过阳光间的加建之后平面形式变为"L"形平面。而餐厨通常设置在"L"形平面的南侧短边，因此阳光间的设置和餐厨的位置直接影响了乡土民居建筑的平面形式。

以上的厨房布置方式均位于建筑的南向布置，拉萨乡土民居大多朝向内院开窗，外墙除北面开小窗，东西向基本不开，由图3-1可知建筑1、2的"L"形体东南、西南两侧的厨房挡了上午和下午的太阳，建筑3形

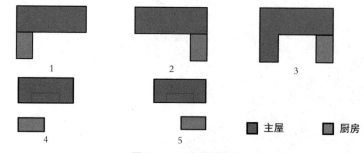

图3-1 厨房位置示意

态在当地较少，建筑凹进过深，不利于太阳能利用，并且实测得出室内热环境是最差的，在此不作讨论。建筑4和建筑5在厨房与主体建筑拉开一定的距离之后对日照并没有太大影响，因为乡土民居中的厨房在冬季是主要的活动场所，因此厨房需要有较高的环境品质和较好的视觉感受。

"L"形的厨房相对其他的形态，厨房与庭院的图底关系更完整并且有着更佳的位置和景观视线关系，如表3-2所示。

结合图3-1中建筑1、2"L"形态的良好视线关系和建筑4、5分散式布置良好的日照条件，以及厨房和主屋的动线关系，可将主屋与厨房横向并排错位布置，既获得较多日照，也保证庭院形态的完整，同时具有良好的视觉感受，如图3-2所示。

在拉萨新建城镇住宅建筑设计中，借鉴乡土民居的形态优点，建筑为规整平面，无过多凹凸造型，因此在满足民居使用功能和采光通风要求的前提下严格控制体形系数是一种行之有效的节能手段。针对当地的生活文化传统，在继承藏式建筑传统平面功能的基础上，合理地对开间和进深进行调整，使建筑平面布局紧凑，减少建筑轮廓凹凸变化，可以有效地降低民居建筑的体形系数，从而更好地利用太阳能达到节能的目的。

拉萨乡土建筑厨房阳光间对形体的影响   表 3-1

建造时间	建筑平面	厨房和阳光间的位置	餐厅、厨房所在位置	阳光间所在平面位置
2009 年			厨房独立设置于东南角，与主体建筑分离	阳光间设置于南侧，与主体建筑相连
2017 年			厨房独立设置于院落西侧，与主体建筑毗邻	未设置阳光间

续表

建造时间	建筑平面	厨房和阳光间的位置	餐厅、厨房所在位置	阳光间所在平面位置
2007 年			厨房独立设置于院落西南角，与主体建筑分离	阳光间嵌入主体建筑南侧
2005 年			厨房独立设置于院落西侧，与主体建筑毗邻	未设置阳光间

续表

建造时间	建筑平面	厨房和阳光间的位置	餐厅、厨房所在位置	阳光间所在平面位置
2000 年			厨房独立设置于院落东南角，与主体建筑分离	阳光间设置于南侧，与主体建筑毗邻
2018 年			厨房独立设置于内院，与主体建筑毗邻	阳光间嵌入主体建筑

拉萨乡土建筑厨房位置与日照、视线分析

表 3-2

平面布局	建筑形态对日照的影响	厨房庭院图底关系	厨房视线分析	日照条件	视觉感受
紧邻主体建筑	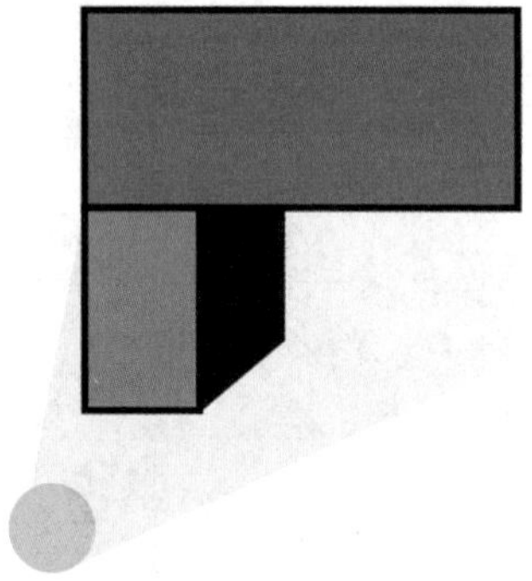		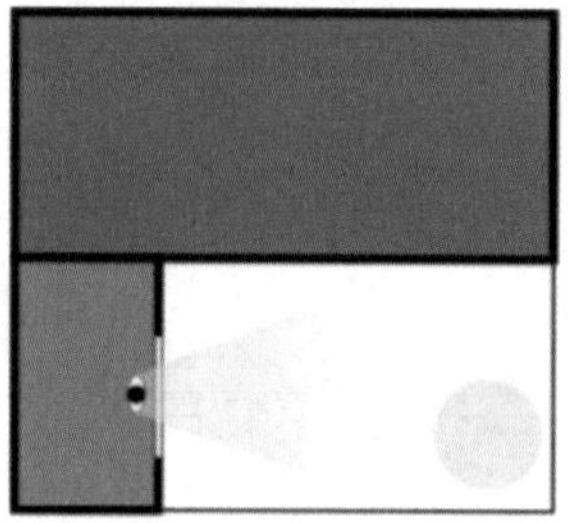	差	好
脱离主体建筑	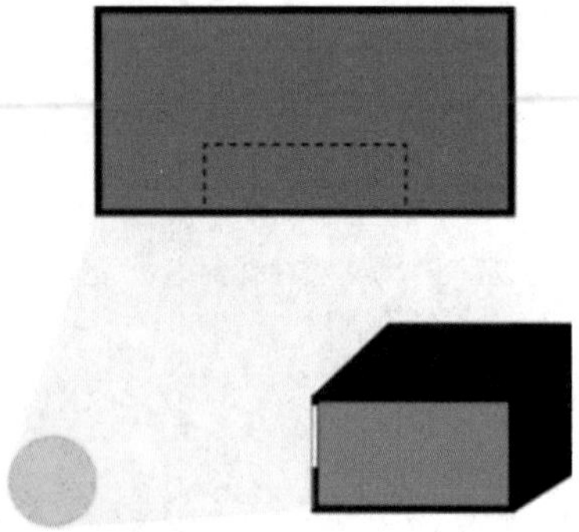		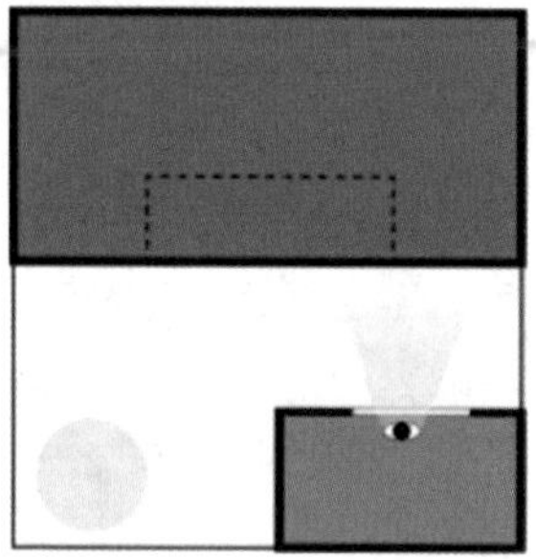	好	差

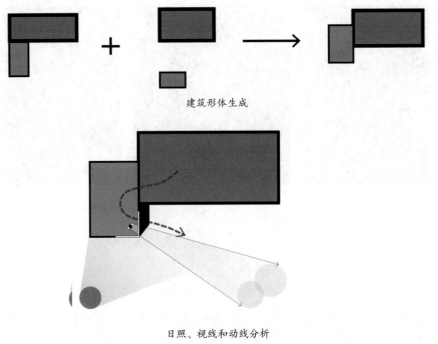

建筑形体生成

日照、视线和动线分析

图 3-2　最佳建筑形态策略

3.2　基于功能优化的地域建筑空间组织模式设计

　　藏族的内部空间组织的核心观念是洁净观，洁净观在藏族居住建筑中可以用"内外有别"来概括，以家庭的核心空间为中心，越是内部的，越是洁净，而外部较少与洁净有联系，经堂空间是藏式居住空间的"精神中心"，是最神圣也是最洁净的地方，而厨房和卫生间都应远离内部的洁净空间，在乡土民居中庭院就是作为污秽和洁净之间的过渡空间，

　　在城镇住宅中厨房、卫生间作为世俗空间应靠近入口，和客厅卧室经堂等洁净空间避开一定距离，同时因为厨房卫生间与客厅之间不能像乡土民居通过庭院这一过渡空间来连接，因此在客厅和厨卫之间可以设置缓冲空间作为过渡空间进行连接（图 3-3）。

1）卫生间的空间组织策略

　　从拉萨民居建筑调研可知，无论是十几年前还是最近建造的房屋，它们的入口都是开向走廊或者室外，即使在现代先进技术和电器解决了传统厨房和厕所存在的洁净问题，但是很少有居民建造房屋时将厨房和厕所开向室内，在房屋建造考虑使用功能的便利性和传统的生活习俗上，藏民们还是大多倾向于依照传统生活习俗来设计建造自己的房屋。因此在乡土民居和城镇住宅平面组织中应当根据当地人的生活习惯和宗教信仰设置一段缓冲空间（如封闭阳台、阳光间等）再进入厨房和卫生间。

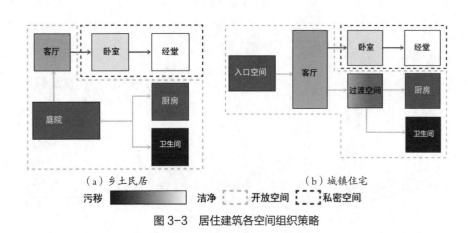

（a）乡土民居　　　　　　　　（b）城镇住宅

污秽　　　　洁净　　开放空间　　私密空间

图 3-3　居住建筑各空间组织策略

卫生间的空间组织有三种方法（图3-4）：

①直接置入整体式卫生间（图3-5）。整体式卫生间作为一个独立单元，对建筑内部结构要求不高，可根据居民的需求在设计阶段、施工阶段或者是建筑更新阶段安装皆可，易于拆迁、安装，无需另设防水层；但缺点是尺寸相对固定，要通过厂家定制，费用较高。

②直接置入普通卫生间（图3-6）。

这种植入方式即将普通卫生间植入建筑内，由于卫生间潮气大，气味重，考虑到卫生间对采光要求不高，但对通风有较高要求，因此可将卫生间置于建筑西北角或者东北角靠外墙处，既不占用南向阳光有利

（a）集中式　　　　　　（b）独立式　　　　　（c）干湿分离式

图3-6　普通卫生间

（a）整体式卫生间　　　　（b）普通卫生间　　　　（c）室外卫生间
（任意位置）　　　　　　（北部转角处）　　　　（建筑外院子里）

图3-4　卫生间组织策略图示

图3-5　整体式卫生间

朝向，又处在角部最佳通风位置。此种卫生间有集中型、独立型和干湿分离型。卫生间分为便溺区、淋浴区和面盆区。集中式是指三个区域集中布置在一个空间内，布局紧凑，这是国内最常用的一种卫生间布局形式；独立型是指卫生间只设置便溺区和面盆区，不设置淋浴区；干湿分离型是指将面盆区独立开来布置于卫生间外达到方便安全等目的以提高其利用率。

③将卫生间设置于建筑外，通过庭院或者阳光间相与主屋相联系。

这种卫生间设置方式比较契合藏族居民洁净观思想，建筑由室内到室外遵循由洁净空间至污秽空间这样一个空间秩序。传统的民居一般都不设置卫生间或者卫生间置于室外，如图3-7所示。由于拉萨冬季气温寒冷，昼夜温差较大，在夜间如厕极其不便，为了方便居民使用，同时使卫生间与主屋污洁分离，可采用增加阳光间等缓冲区的方式联系卫生间与主屋，而阳光间则作为卫生间与主屋的联系的过渡空间，如图3-8所示。

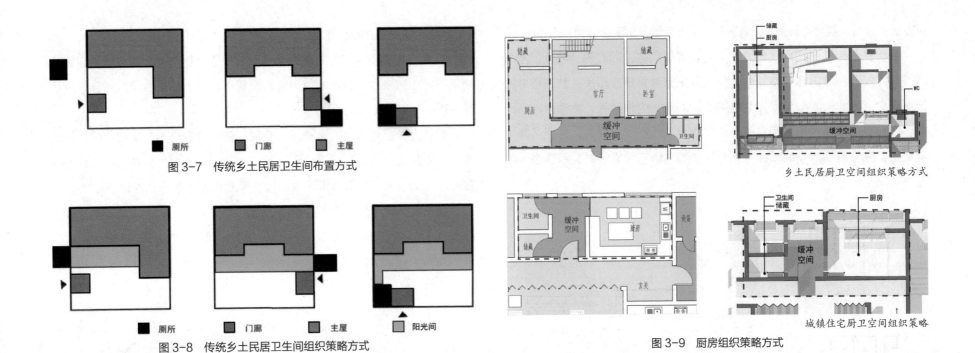

图3-7　传统乡土民居卫生间布置方式

■ 厕所　　■ 门廊　　■ 主屋

图3-8　传统乡土民居卫生间组织策略方式

■ 厕所　　■ 门廊　　■ 主屋　　□ 阳光间

乡土民居厨卫空间组织策略方式

城镇住宅厨卫空间组织策略

图3-9　厨房组织策略方式

2）厨房的空间组织策略

拉萨藏民认为厨房是"世俗中心"厨房，经堂则是"精神中心"，居住区与"圣神"中心有两股对立的力量，一个是洁净，另一个则是污秽，两者之间有着一条不可逾越的鸿沟，当人们能够分清洁净和污秽的界限，即会得到神灵的保佑，如果混淆了世俗生活和圣神宗教生活，人们便会得到惩罚。基于上述的观念，厨房应该和经堂在空间位置上分离开来，厨房的世俗空间靠近室外和地面，因此需要将它定位为一层外向性空间，乡土民居中设计为直接和庭院发生联系，考虑到使用拉萨天气气候昼夜温差和

使用上的便利性，采用阳光间与其他室内区域联系；在城镇住宅中，厨房的部分活动空间功能转移到客厅上，因此在设计时，厨房作为次要的活动空间设置在北向，同时设计一些缓冲空间，作为厨房和其他室内空间联系的纽带，如图3-9所示。

3）客厅、餐厅的空间组织策略

在拉萨乡土民居中，厨房作为主要的活动空间兼具部分客厅的功能，因此单独设置的客厅作为次要活动空间面积很小，满足基本的待客功能即可，可设置于北面，甚至有时候不设置客厅，而餐厅则与厨房合并为一个空间。

乡土民居传统空间模式是庭院与客厅直接相连，即庭院→客厅，考虑到既要方便居住者对建筑空间的使用又要充分尊重藏族居民宗教习俗中的洁净观念，因此加入阳光间作为缓冲空间联系室内外空间，城镇住宅亦可将客厅独立出来通过廊道和玄关与入口或者其他空间相联系，方便了居住者使用，充分遵循洁净的精神空间与污秽的世俗空间之间的关系秩序，如图 3-10 所示。

4）经堂、储藏空间组织策略

经堂作为"精神中心"应远离"世俗中心"厨房，房间设计于建筑的端部空间，如果乡土民居若为一层则设置于北边，居层数超过一层，则设置在最高楼层（图 3-11）。

当乡土民居进深比较大时候，致使北侧转角靠外墙的房间室内热环境较差，因此比较适合布置不需要开窗或者开较小窗户的经堂，以达到维持室内温度的效果，或者设置储藏、粮仓等对室温要求不高的辅助性房间。

与乡土民居一样，城镇住宅的经堂作为"精神中心"是最洁净的房间，应靠内设置，远离入口和"世俗中心"厨房，而且经堂、储藏同属无需过多采光的房间，因此设置在北侧，并且房间开小窗作为缓冲空间（图 3-12）。

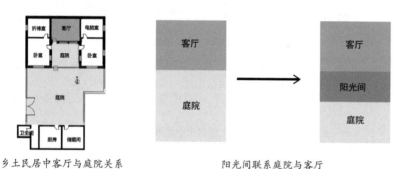

乡土民居中客厅与庭院关系　　　　　阳光间联系庭院与客厅

图 3-10　客厅、庭院组织策略

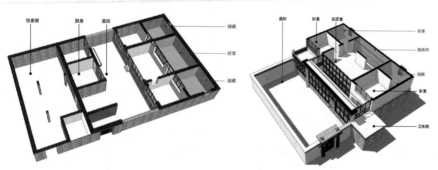

图 3-11　乡土民居经堂、厨房组织策略

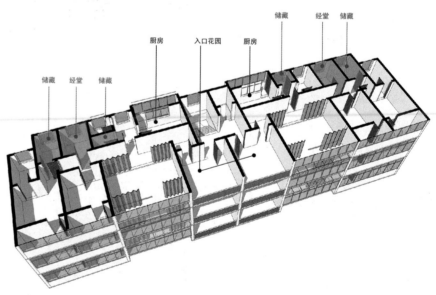

图 3-12　城镇住宅经堂、厨房组织策略

3.3 基于热环境优化的地域建筑空间组织设计分析

3.3.1 乡土民居厨房空间位置组织

拉萨的民居大多遵循着北面设置储藏等次要空间，南边设置客厅、卧室等功能性空间，经过对传统空间模式的民居户型进行归纳，主要存在三种空间组织形式，取决于厨房、阳光间与主体建筑的位置关系。

厨房有三种布置形式：厨房与主体建筑相连并且布置在主体建筑的西南端；厨房与主体建筑分离并且布置在主体建筑西南端；厨房与主体建筑分离布置于主体建筑的东南端。

阳光间的位置一般都是东西向长，南北向短布置于建筑的南侧，嵌入布置。厨房、阳光间组织关系如表3-3所示。

乡土民居厨房空间组织示意　　　　表3-3

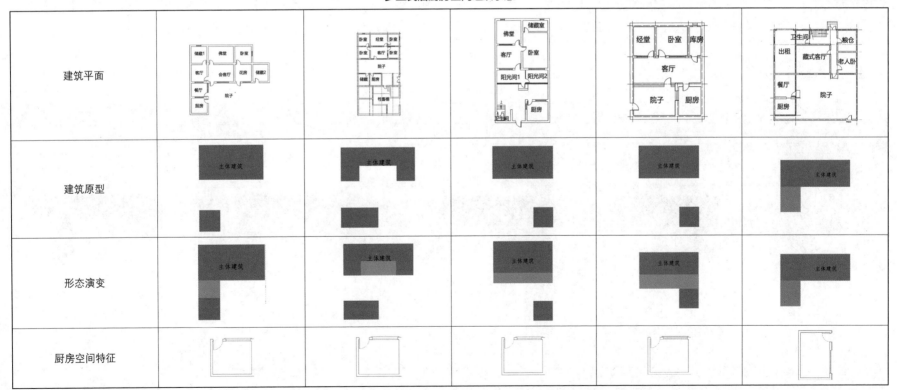

（1）模型信息

　　根据拉萨乡土民居建筑厨房与主体建筑之间的组织关系，对拉萨市乡土民居平面形式进行整理，提取典型平面建立模型进行模拟，几种不同的空间组织形式的对比方案的模型建立的信息如表3-4所示。

（2）能耗分析

　　图3-13为"L"形、"U"形"一"字形平面在不同的厨房和阳光间的组织关系下从11月至次年3月全房间采暖能耗对比图。

　　由图3-13可知当建筑"L3"的每平方米采暖能耗最小，建筑分散布置时候采暖能耗最大，并且当厨房等附属建筑布置在建筑东侧时采暖能耗比布置在西侧时高。建筑"R1"的采暖能耗比建筑"L3"增加14.4%，"U1"采暖能耗比"L3"增加15.2%。产生这样的结果是整体布置时，建筑体形系数小于厨房分散布置，并且当厨房与主屋间分散布置时候，因为厨房遵循坐南朝北的原则，以保证夏季厨房温度不致过高，同时藏族院落空间有着内向性的特征，使得厨房南面朝院外不开窗，最佳的开窗方向是厨房的长边即厨房的北墙。而当厨房与主屋毗邻整体布置时候，厨房位于主屋一侧，向院内开窗的最佳方向就变成了东西向，这样会形成太阳的东西晒，有助于室内温度的升高，减少冬季采暖能耗（图3-14）。

厨房、阳光间不同组织形式模型信息

表3-4

方案一	L1	L2	L3	L4
建筑面积（m²）	90	90	120（阳光间30）	120（阳光间30）
建筑总开间（m）	16.2	16.2	16.2	16.2
建筑总进深（m）	10.45	10.45	10.45	10.45
平面布局				
建筑平面				
kWh/m²	136.9	141.5	122.4	124.8

厨房、阳光间不同组织形式模型信息　　　　　　　　表 3-5

方案二	U1	U2	U3	U4
建筑面积（m²）	125	125	155（阳光间 30）	155（阳光见间 30）
建筑总开间（m）	16.2	16.2	16.2	16.2
建筑总进深（m）	7.1	7.1	7.1	7.1
平面布局				
建筑平面				
kWh/m²	141	141	132	131
方案三	R1	R2	R3	R4
建筑面积（m²）	125	125	155（阳光间 30）	155（阳光见间 30）
建筑总开间（m）	12.9	12.9	12.9	12.9
建筑总进深（m）	6.7	6.7	6.7	6.7
平面布局				
建筑平面				
kWh/m²	140	140	132	132

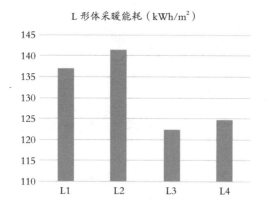

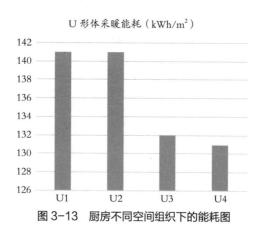

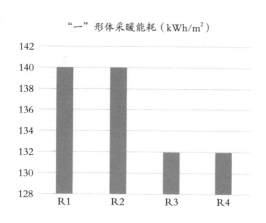

图 3-13　厨房不同空间组织下的能耗图

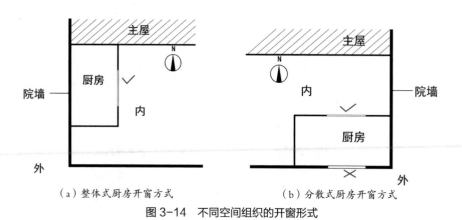

（a）整体式厨房开窗方式　　　（b）分散式厨房开窗方式

图 3-14　不同空间组织的开窗形式

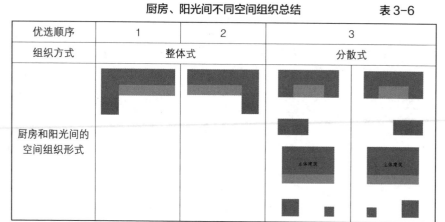

（3）小结

由表3-6述可知，基于多方面因素，当乡土民居中厨房和主屋成为一个整体时，建筑的冬季采暖能耗比其分散布置时低，当平面开间、进深和面积大小相等的情况下"一"字形平面南向面最平整，冬季采暖能耗最低，因此在设计乡土民居时，尽可能将建筑的平面设计成趋近于"一"字形的形式（图3-15）。

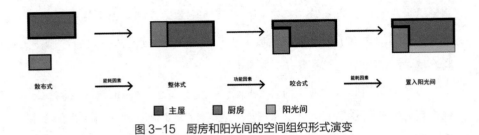

图 3-15 厨房和阳光间的空间组织形式演变

3.3.2 采暖房间与非采暖房间的空间组织

采暖房间与非采暖房间之间的空间组合和平面排布会影响建筑中采暖房间北向失热面积，从而对冬季采暖能耗有直接的影响，为了更加清晰地了解建筑中采暖房间与非采暖房间的组织设计与能耗的关系，我们建立了 3 个厨、卫与北向卧室不同组织形式的建筑模型来探讨此问题。

（1）模型参数

方案 1、方案 2 和方案 3 除厨房与北向卧室空间组织方式不同，其他模型参数均相同，这里强调一点，乡土民居的厨房兼具活动休憩的功能，为采暖房间，但在城镇住宅中厨房作为活动场所这一功能已经被削弱很多，因此设定其作为一个非采暖空间，下文所指采暖房间为卧室和客厅，非采暖房间为厨房、卫生间。该模型是以城镇住宅为例进行探讨（表 3-7）。

（2）能耗分析

图 3-16 是在表 3-7 的三种空间组织模式下，从 11 月～次年 3 月，南向采暖房间和北向采暖房间的采暖能耗对比图。

采暖房间与非采暖房间空间组织模型   表 3-7

模型参数信息表			
面积	180m²	开间、进深	19300mm × 9600mm
楼板	100mm 混凝土楼板	体形系数	0.66
墙体	240mm 加气混凝土	保温	无
南向窗墙比	0.4	北向窗墙比	0.3
外窗	6mm 单层白玻 + 铝合金窗框	层高	2.8m
三室两厅北向卧室面积	11.88m²	两室两厅北向卧室面积	11.55m²

方案 1	方案 2	方案 3
卧室 2 位于外跨、厨卫位于内跨	卧室 2 位于外跨、厨卫位于外跨	卧室 2 位于外跨、厨卫全北侧布置

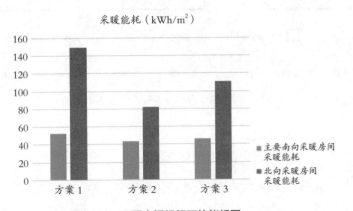

图 3-16 不同空间组织下的能耗图

根据图 3-16 可知，采暖能耗最小的为将次卧室放在内跨的方案 2，其次方案 3，采暖能耗最大的是次卧位于外跨的方案 1。方案 2 在采暖期内主要房间每平方米采暖能耗比方案 1 节约 16.4 %，比方案 3 节约 5%，方案 2 的北向卧室在采暖期内每平米能耗比方案 1 节约 45.4%，比方案 3 节约 26.1%。

（3）小结

北向采暖房间（北向卧室）和非采暖房间（厨、卫、经堂）的位置排布对整个户型的采暖影响极大，由既有理论和经验可知，当所有的采暖房间设置在南边时，是最理想的空间组织策略，但是当用地条件限制时，建筑设计因南边面宽不足时可将采暖房间设在建筑北面靠内跨排布，非采暖房间设计在外跨，整个户型的采暖能耗将大幅度降低（图 3-17）。

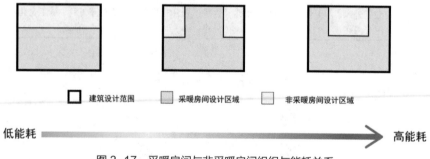

建筑设计范围　　采暖房间设计区域　　非采暖房间设计区域

低能耗　　　　　　　　　　　　　　　　　　高能耗

图 3-17　采暖房间与非采暖房间组织与能耗关系

3.3.3　采暖房间之间的空间组织

在建筑设计中，按照既有的理论和实践经验，将采暖房间设计在南向是最有利于节能的。但是如果用地限制，南向面宽不够，则需要部分采暖房间设置于北面，当建筑中存在相同开间，不同进深的采暖房间南北向布置时，它们的南北位置顺序会形成大小不同的南向得热房间和北向失热房间，从而影响整个建筑的冬季采暖能耗。

为了更加简明清晰地了解建筑中进深不同、面积不同的采暖房间空间组织与能耗的关系，笔者建立了 6 个因隔墙位置变化，形成的南北采暖房间进深各不相同的建筑模型来探讨此问题（表 3-8）。方案 1～方案 6 的建筑模型中除隔墙位置不同外，其余各参数信息均相同。

（1）模型信息

方案 1～方案 6 的北向卧室 2 进深在逐级增大，南向卧室 1 在逐级减小，方案 1 是隔墙设置在最北侧，卧室 2 的进深最小，卧室 1 进深最大；方案 2、方案 3 是隔墙设置在稍北侧的位置；方案 4 为隔墙设置在整个进深的中间位置，卧室 1 与卧室 2 的进深接近；方案 5、方案 6 为隔墙设置在进深的稍南侧，此时卧室 1 的进深小于卧室 2 的进深。

（2）能耗分析

图 3-18 为方案 1～方案 6 从 11 月至次年 3 月主要房间采暖能耗比较图。由图可知当隔墙由北向南移动，建筑北向采暖房间进深越大，南向采暖房间进深越小，建筑采暖能耗越大，建筑采暖能耗最大的是方案 6，冬季采暖能耗为 1042kW·h，最低的是方案 1，冬季采暖能耗为 962kW·h。方案 4 为隔墙位于中间位置时候，即卧室 1 与卧室 2 进深相同时采暖能耗比方案 1 中卧室 1 远大于卧室 2 时增加 5.1%。方案 6 比方案 1 的采暖能耗增加 8.3%。

（3）小结

在建筑设计中不同进深和面积的采暖房间在建筑中的组织方式和排布位置将对冬季采暖能耗产生一定的影响，在建筑总开间和总进深一定的情况下，南侧采暖房间进深越大，北侧采暖房间进深越小对冬季采暖节能有一定的帮助，因此在住宅设计中，应该将大进深的采暖房间设置于南侧，小进深的采暖房间设置在北侧，在保证功能合理的情况下，尽可能使南向侧，在保证功能合理的情况下，尽可能使南向房间的进深大于北向房间的进深。

采暖能耗（kWh/m²）

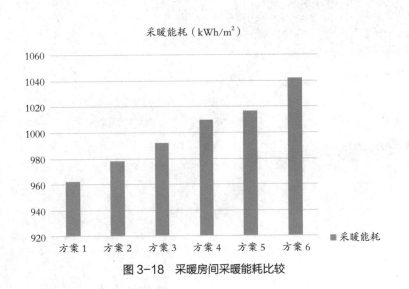

图 3-18　采暖房间采暖能耗比较

采暖房间的不同空间组织模型		表 3-8
模型参数信息表		
面积	173.2m²	开间、进深	16950mm×9900mm
楼板	100mm 混凝土楼板	体形系数	0.65
墙体	240mm 加气混凝土	保温	无
南向窗墙比	0.4	北向窗墙比	0.3
外窗	6mm 单层白玻 + 铝合金窗框	层高	2.8m

方案 1	方案 2	方案 3
方案 4	方案 5	方案 6

第 4 章

青藏高原地域绿色建筑部件设计

　　本章从屋面、外墙、楼地面、外窗及外围护保温体系这五个方面入手，探索适应高寒藏区地域建筑外围护体的绿色技术策略，并对其进行适应性改造，提出了详细的"本土化"外围护体构造设计，并通过热工计算算出主体部位的传热系数及保温层厚度，建立"文化、绿色"、一体化的营建技术体系。

4.1 屋面

4.1.1 传统屋面的当代演进

1）屋面

2006 年安居工程的实施使得西藏地区建筑建材业、交通运输业、经济水平等迅速发展，混凝土、钢筋水泥等现代材料迅速涌入西藏建材市场。同时，藏民收入水平的提升，增加了改善居住水平的欲望，更高的收入也使得藏民在选择建造材料和建造体系上有了更多的余地。安居工程后，西藏地区的新建建筑大多采用混凝土预制板屋面，屋面一般不设保温层（见图4-1）。混凝土材料保温蓄热性能较差，屋面成为外围护结构保温构造的薄弱部位。混凝土屋面受温度影响大，容易产生裂缝而渗水，室内温度变化大，热舒适性也较差。

在西藏传统建筑建造过程中，屋面的黄土层更多地被看作防水层而存在，而黄土虽然是具有防水性的黏土，但是其防水性还是不如卷材，一到雨季屋顶渗水严重，需要年年修补，导致黄土层越来越厚，屋顶承重能力有限，容易造成屋面倒塌的危险。因此，藏民渐渐用防水卷材替代黄土作为屋面的防水层（图4-2）。

然而西藏地区冬季气候严寒，昼夜温差较大，防水卷材层并不能起到保温的作用。另外，西藏地区太阳辐射强烈，防水卷材如若直接裸露在外，强烈的太阳辐射会加速其老化，缩短防水卷材的使用寿命。而黄土本身具有良好的保温隔热作用。因此，藏民又在防水层上重新铺设黄土层，以利用其保温隔热的功能（图4-3）。并且这种保温层在防水层上的构造，也符合倒置式屋面的保温原理。凡在屋面上重新铺设黄土层的，

房间的保温效果明显优于没有铺设的屋面，其中在混凝土屋面的民居中尤为显著。

此外，彩钢板屋面因其建造简单、耐久性好的特点也被广泛应用。但是这种材料的使用只是基于便捷性、经济性的考虑，完全忽视了藏族传统风貌的延续，原来藏族民居特有的锯齿形屋面曲线变成了单一的直线，用来寄托宗教信仰的风马旗墙垛也消失了（图4-4）。

图4-1　土混凝土预制板屋面　　　　图4-2　铺有防水卷材的屋面

图4-3　铺有黄土保温层的混凝土屋面

图 4-4　彩钢板屋面

2）檐口及排水口装饰构件

新建民居女儿墙依旧有升起，但多数人家不再频繁上屋顶，煨桑炉也从屋顶位置挪到院子中，以求更舒适、更安全的祭拜活动。屋顶空间被闲置，是生活舒适性超越宗教观的体现。另外也可从中看到宗教约束力在现代化的冲击下逐渐减弱的现状。在女儿墙檐口装饰上，墙顶原本的木质装饰构件由模具加工而成的 GRC 预制装饰构件所替代，而弧形压顶则直接由水泥抹面而成（图 4-5）。

西藏传统建筑屋面通常采用无组织排水，平屋面的坡度一般在 1%～2% 左右，坡向女儿墙，并用石或木做成引水槽，将水引出墙外（图 4-6）。近些年，一些新建民居屋面已采用有组织的排水方式，但是伸出屋面的短槽变为突兀的白色 PVC 排水管，严重影响了立面的整体性（图 4-7）。从排水管的构造来看，快速的材料变化，使得新构件以粗暴平移的方式叠加居中，并没时间逐渐演化成为"融合"的构造。

4.1.2　屋面的适应性改造

在屋面工业体系的适应性需求下，综合西藏地区冬季严寒、全年太阳辐射大的气候条件，建筑屋面应当结合防水和保温需求。而在新建民居中，黄土作为保温材料的重新回归也正说明了西藏地区传统建材的生命力并具有很强的文化延续性。

因此，本图集提出传统木结构屋面和新建混凝土屋面都要增设保温层和防水层。在材料上采用当地建材市场上常见的保温、防水材料，且兼考

图 4-5　GRC 预制装饰构件

图 4-6　金属排水渠　　　　图 4-7　外露的 PVC 排水管

虑传统黄土保温的作用。由于西藏地区传统风貌延续性的考虑，不建议使用轻钢屋顶。

在女儿墙檐口的构造中依然可以延续黄土材料的使用。当然，作为保护层，其防水性能和安全性能也应加强。因此，从改性生土墙中得到启发，在单一的黄土材料中加入改性水泥、植物纤维等成分，可以增强黄土的防水性和稳定性，防止檐口处的黄土下雨后脱落。

为了保证外立面的文化延续性，应尽量延续传统檐口及排水口构造装饰做法，采用金属铝槽出挑。木屋顶檐口与女儿墙将保温和防水层与传统的檐口与女儿墙结合，混凝土屋顶在梁上设预留槽口，放置檐口木构件，延续传统的构造逻辑。

1）木屋面改良构造

木结构屋面在延续传统构造做法的基础上，宜在卷材防水层上铺设一层黄土作为保护层，同时起到保温作用（图4-8）。对于保温要高的建筑，可根据实际情况结合 EPS、XPS、岩棉板、蒸压加气混凝土等当代保温材料共同使用，农村地区也可使用青稞秸秆保温板（图4-9）。保护层施工过程中，为了避免防水卷材破损，应轻轻拍打托黄土层，压实即可，避免采用传统的"夯筑"方式。

改良后的不上人木屋面将保温材料从屋面铺砌到檐口的墙体投影面上部，用屋面土压实，将保温材料密实，尽量避免产生"冷桥"。防水材料铺设在保温材料之上，在屋面边缘处用木板固定且用密封胶封堵。屋面土覆盖保温材料和防水材料的边缘封口，将封口包裹在屋面土压实形成的凸起曲面内，对保温材料和防水材料进行保护（图4-10）。

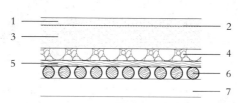

1. 50 厚黄土面层
2. SBS 防水卷材
3. 150 厚黄泥垫层并找坡
4. 80 厚黏土卵石垫层
5. 40 厚树枝或木板密铺
6. φ60~80 圆木椽子
7. 120 厚木梁

图 4-8　木结构屋面改良构造图一

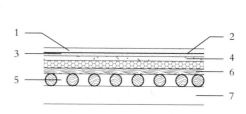

1. 30 厚黄土面层
2. SBS 防水卷材
3. 20 厚 1：3 水泥砂浆找平
4. 最薄 30 厚轻骨料混凝土找坡
5. 保温隔热材料
6. 20 厚 1：3 水泥砂浆找平层
7. 40 厚树枝或木板密铺
8. φ60~80 圆木椽子
9. 120 厚木梁

图 4-9　木结构屋面改良构造图二

而上人木屋面保温材料延伸到女儿墙墙角，条件允许的情况下采用保温砂浆填实屋面保温层和女儿墙间的缝隙。保温材料和女儿墙交界处宜做附加防水层，使保温材料不受雨水渗透。防水材料泛水高度应不小于250mm（图4-11）。

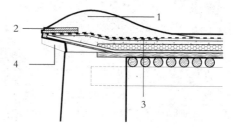

1. 檐口黄土夯实
2. 石片
3. 附加防水层
4. 檐口木构件

图 4-10　木结构屋面檐口改良构造一

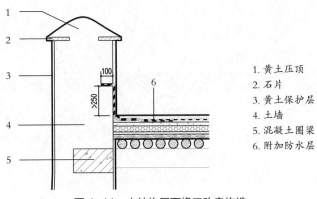

1. 黄土压顶
2. 石片
3. 黄土保护层
4. 土墙
5. 混凝土圈梁
6. 附加防水层

图 4-11　木结构屋面檐口改良构造一

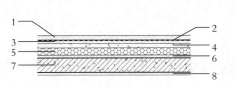

1. 40 厚 C15 细石混凝土
2. SBS 防水卷材
3. 20 厚 1：3 水泥砂浆找平
4. 最薄 30 厚轻骨料混凝土找坡
5. 保温隔热材料
6. 20 厚 1：3 水泥砂浆找平层
7. 100 厚钢筋混凝土楼板
8. 20 厚水泥砂浆抹面

图 4-12　混凝土结构屋面改良构造图

2）混凝土屋面改良构造

　　混凝土屋面结构层为现浇或预制混凝土楼板。由于混凝土材料本身受温度影响较大，容易在表面形成裂缝，因此需要设置保温层。保温层上采用轻骨料混凝土找坡，找坡层上为了使防水材料铺设平整，需要使用水泥砂浆进行找平。找平层上铺防水卷材，最上层为黄土保护层或细石混凝土（图 4-12）。不上人屋面中，为了保证传统凸起曲面檐口的形态，可在梁上设置预埋槽。槽中放置檐口木构件，托起木板，承托向外延伸的檐口（图 4-13）。

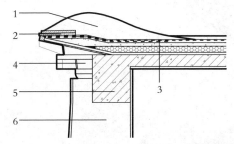

1. 檐口黄土夯实
2. 石片
3. 附加防水层
4. 檐口木构件
5. 钢筋混凝土梁
6. 土墙

图 4-13　混凝土屋面檐口改良构造图

4.1.3 构造详图

1）传统屋面构造

1. 传统木结构屋面构造		
屋面构造模型示意图	屋面构造图及做法	平均传热系数 W/（m²·K）
	1.40厚细阿嘎土层(颗粒直径1cm左右)，光滑卵石磨光表面后，刷榆树皮汁三次以上，再刷清油若干次 2.150厚粗阿嘎土层(颗粒直径3cm左右) 3.150厚黄泥垫层并找坡 4.80厚黏土卵石垫层 5.40厚树枝密铺 6.φ60~80 圆木橡子	0.679
	1.30厚黄土面层（薄板子轻轻拍打压实） 2.150厚黄泥垫层并找坡 3.80厚黏土卵石垫层 4.40厚树枝密铺 5.φ60~80 圆木橡子	0.687

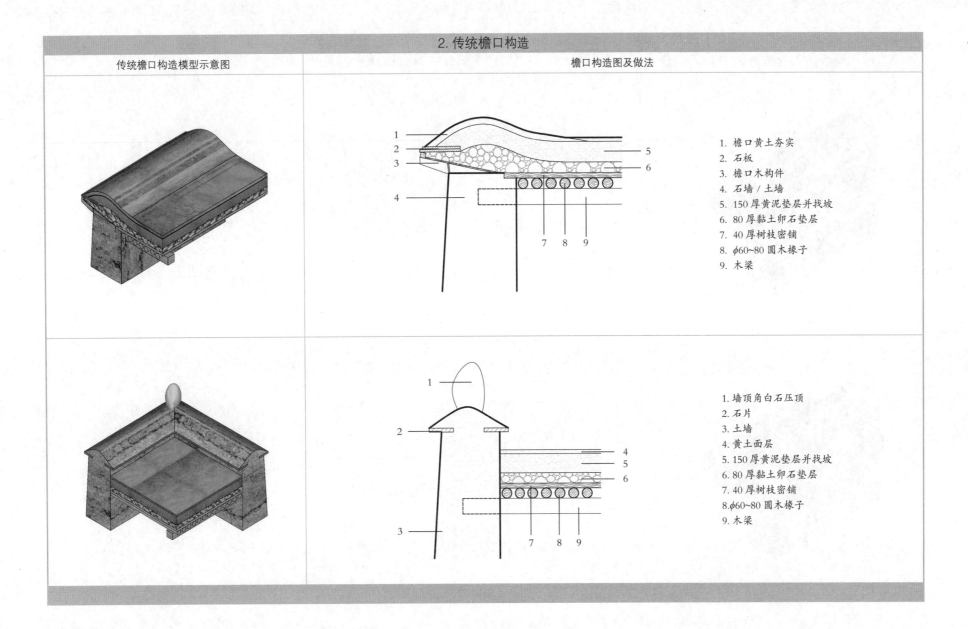

2. 传统檐口构造

| 传统檐口构造模型示意图 | 檐口构造图及做法 |

1. 檐口黄土夯实
2. 石板
3. 檐口木构件
4. 石墙 / 土墙
5. 150 厚黄泥垫层并找坡
6. 80 厚黏土卵石垫层
7. 40 厚树枝密铺
8. φ60~80 圆木椽子
9. 木梁

1. 墙顶角白石压顶
2. 石片
3. 土墙
4. 黄土面层
5. 150 厚黄泥垫层并找坡
6. 80 厚黏土卵石垫层
7. 40 厚树枝密铺
8. φ60~80 圆木椽子
9. 木梁

2. 传统檐口构造

传统檐口构造模型示意图	檐口构造图及做法

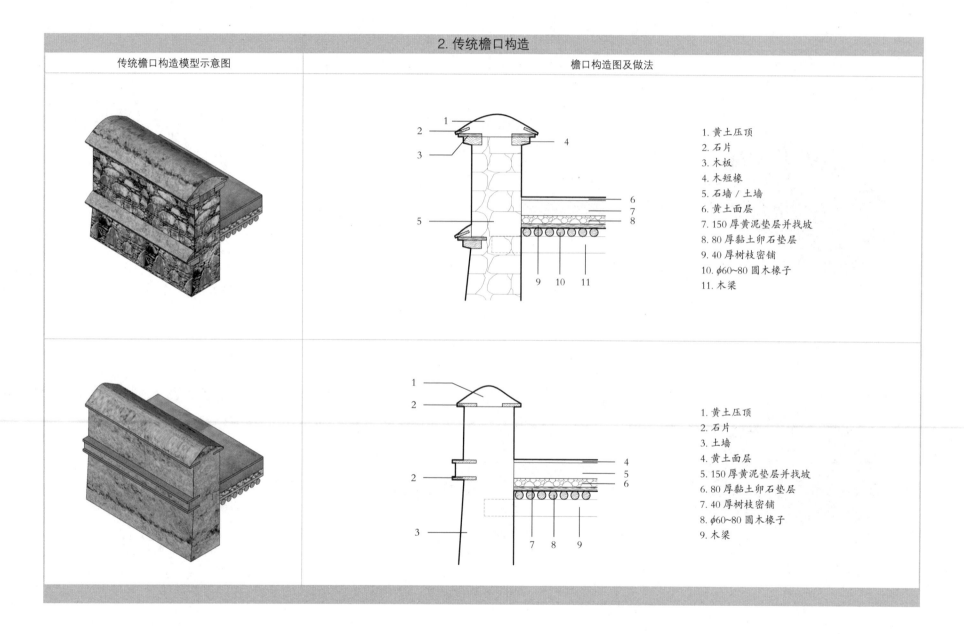

1. 黄土压顶
2. 石片
3. 木板
4. 木短椽
5. 石墙／土墙
6. 黄土面层
7. 150厚黄泥垫层并找坡
8. 80厚黏土卵石垫层
9. 40厚树枝密铺
10. φ60~80圆木椽子
11. 木梁

1. 黄土压顶
2. 石片
3. 土墙
4. 黄土面层
5. 150厚黄泥垫层并找坡
6. 80厚黏土卵石垫层
7. 40厚树枝密铺
8. φ60~80圆木椽子
9. 木梁

2. 传统檐口构造

传统檐口构造模型示意图	檐口构造图及做法

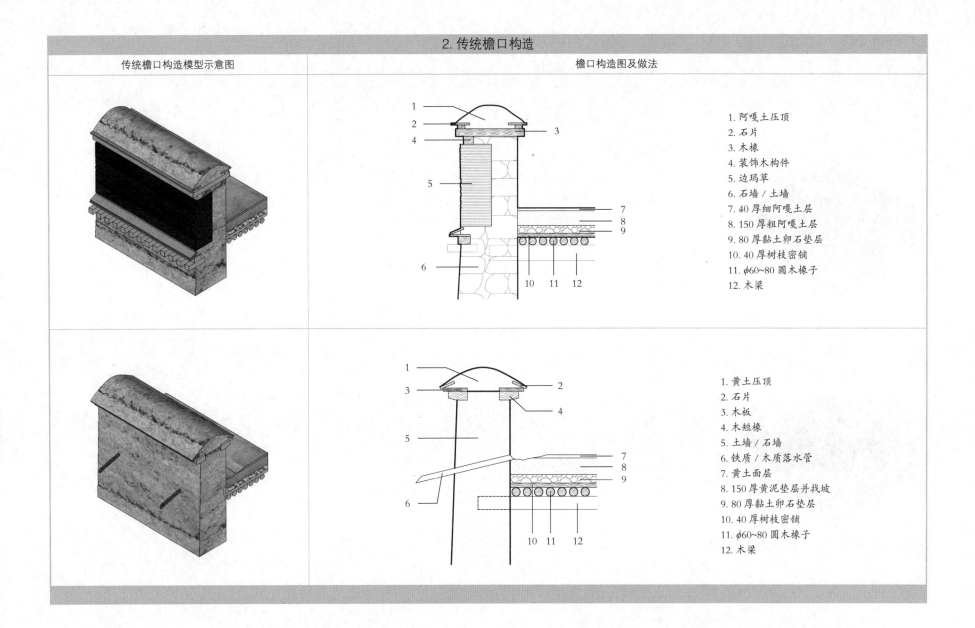

1. 阿嘎土压顶
2. 石片
3. 木椽
4. 装饰木构件
5. 边玛草
6. 石墙 / 土墙
7. 40 厚细阿嘎土层
8. 150 厚粗阿嘎土层
9. 80 厚黏土卵石垫层
10. 40 厚树枝密铺
11. φ60~80 圆木椽子
12. 木梁

1. 黄土压顶
2. 石片
3. 木板
4. 木短椽
5. 土墙 / 石墙
6. 铁质 / 木质落水管
7. 黄土面层
8. 150 厚黄泥垫层并找坡
9. 80 厚黏土卵石垫层
10. 40 厚树枝密铺
11. φ60~80 圆木椽子
12. 木梁

2）改良屋面构造

1. 木屋面改良构造					
屋面构造模型示意图	屋面构造简图及做法		保温隔热材料	保温层厚度	平均传热系数 W/（m²·K）
		1. 50 厚黄土面层（薄板子轻轻拍打压实） 2. SBS 防水卷材 3. 150 厚黄泥垫层并找坡 4. 80 厚黏土卵石垫层 5. 40 厚木板密铺 6. φ60~80 圆木椽子 7. 120 厚木梁	托萨土	135	0.478
				150	0.389
		1. 30 厚黄土面层 2. SBS 防水卷材 3. 20 厚 1：3 水泥砂浆找平 4. 30 厚轻骨料混凝土找坡 5. 保温隔热材料 6. 40 厚木板密铺 7. φ60~80 圆木椽子 8. 120 厚木梁	憎水珍珠岩板	100	0.389
				180	0.367
			复合硅酸盐	100	0.482
				180	0.387
			岩棉	40	0.466
				60	0.351
			蒸压加气混凝土	100	0.482
				180	0.387
			挤塑聚苯板（XPS）	35	0.419
				45	0.324
			EPS	35	0.421
				45	0.327

1. 木屋面改良构造

改良檐口构造模型示意图	改良檐口构造图及做法

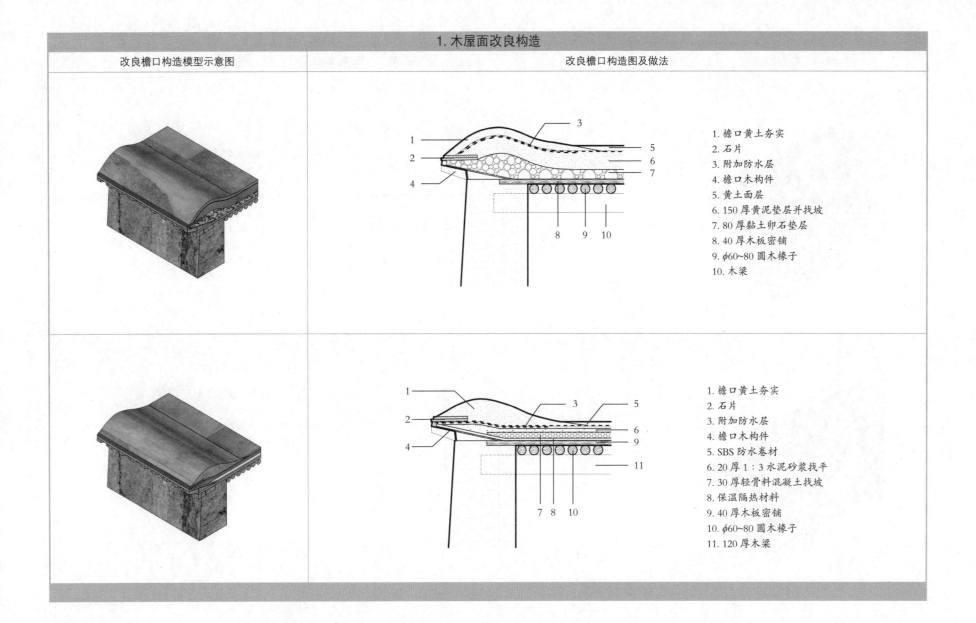

1. 檐口黄土夯实
2. 石片
3. 附加防水层
4. 檐口木构件
5. 黄土面层
6. 150 厚黄泥垫层并找坡
7. 80 厚黏土卵石垫层
8. 40 厚木板密铺
9. φ60~80 圆木椽子
10. 木梁

1. 檐口黄土夯实
2. 石片
3. 附加防水层
4. 檐口木构件
5. SBS 防水卷材
6. 20 厚 1：3 水泥砂浆找平
7. 30 厚轻骨料混凝土找坡
8. 保温隔热材料
9. 40 厚木板密铺
10. φ60~80 圆木椽子
11. 120 厚木梁

1. 木屋面改良构造

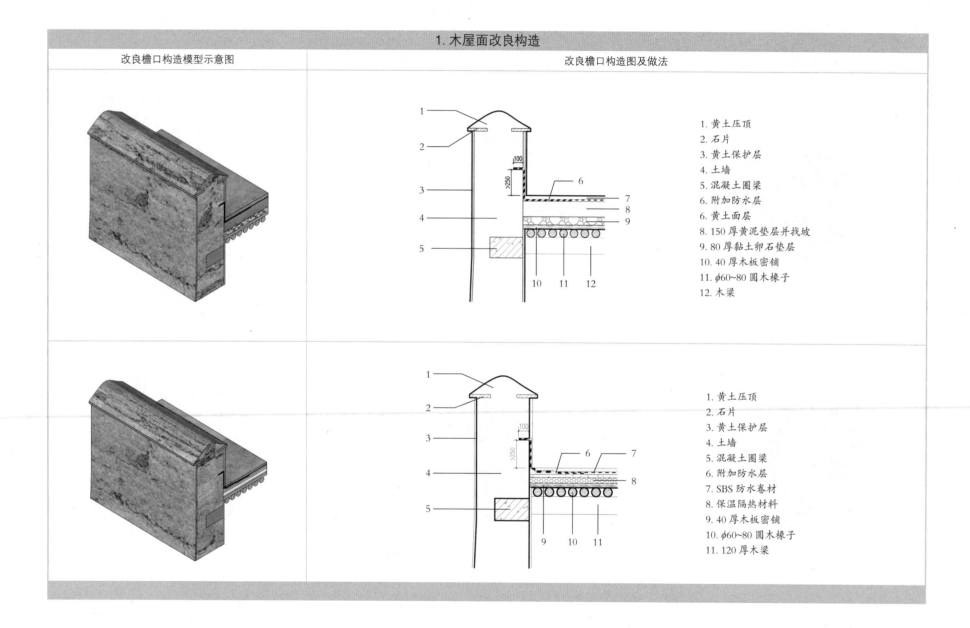

改良檐口构造模型示意图	改良檐口构造图及做法

上图标注：
1. 黄土压顶
2. 石片
3. 黄土保护层
4. 土墙
5. 混凝土圈梁
6. 附加防水层
6. 黄土面层
8. 150 厚黄泥垫层并找坡
9. 80 厚黏土卵石垫层
10. 40 厚木板密铺
11. φ60~80 圆木椽子
12. 木梁

下图标注：
1. 黄土压顶
2. 石片
3. 黄土保护层
4. 土墙
5. 混凝土圈梁
6. 附加防水层
7. SBS 防水卷材
8. 保温隔热材料
9. 40 厚木板密铺
10. φ60~80 圆木椽子
11. 120 厚木梁

2. 混凝土屋面改良构造

屋面构造模型示意图	屋面构造及简图	保温隔热材料	保温层厚度	平均传热系数 W/ (m² · K)
	1. 40 厚 C15 细石混凝土 2. SBS 防水卷材 3. 20 厚 1∶3 水泥砂浆找平 4. 30 厚轻骨料混凝土找坡 5. 保温隔热材料 6. 20 厚 1∶3 水泥砂浆找平层 7. 100 厚钢筋混凝土楼板 8. 20 厚水泥砂浆抹面	憎水珍珠岩板	100	0.475
			150	0.367
		蒸压加气混凝土	250	0.491
			300	0.372
		复合硅酸盐	80	0.432
			100	0.365
		岩棉板	110	0.477
			130	0.371
		挤塑聚苯板（XPS）	60	0.423
			80	0.336
		EPS	60	0.414
			80	0.329

2. 混凝土屋面改良构造

改良檐口构造模型示意图	改良檐口构造图及做法

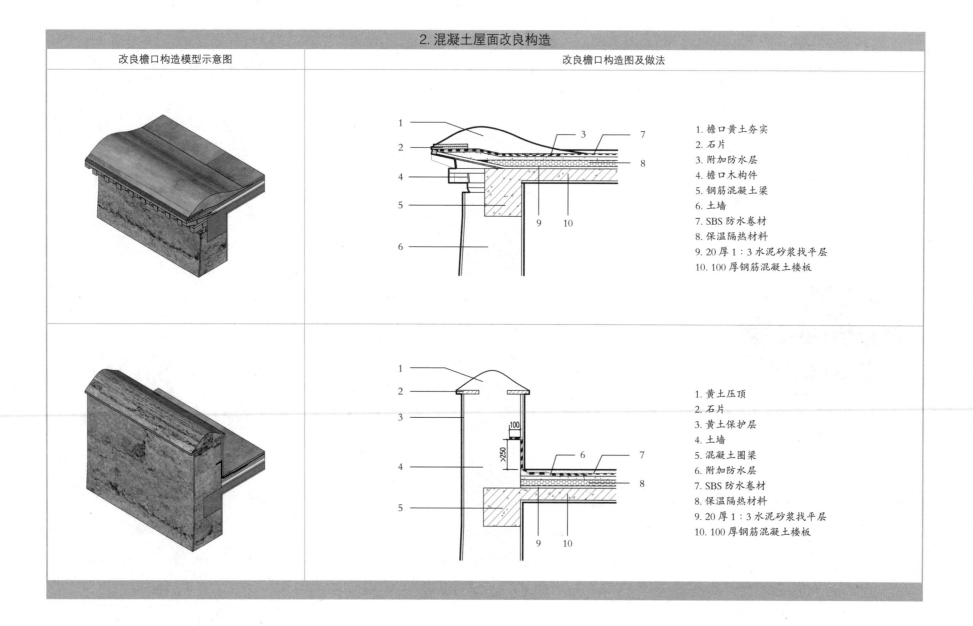

1. 檐口黄土夯实
2. 石片
3. 附加防水层
4. 檐口木构件
5. 钢筋混凝土梁
6. 土墙
7. SBS 防水卷材
8. 保温隔热材料
9. 20 厚 1∶3 水泥砂浆找平层
10. 100 厚钢筋混凝土楼板

1. 黄土压顶
2. 石片
3. 黄土保护层
4. 土墙
5. 混凝土圈梁
6. 附加防水层
7. SBS 防水卷材
8. 保温隔热材料
9. 20 厚 1∶3 水泥砂浆找平层
10. 100 厚钢筋混凝土楼板

4.2 外墙

4.2.1 外墙的当代演进

随着藏区与外部社会交流和物质交换的增多，区别于传统土、石、木建造材料的水泥砖、钢材、钢筋混凝土等新型材料在西藏地区更加易得，且更为经济和便于施工。从 1950 年代至今，西藏地区建筑墙体材料从土坯发展到天然石材再到水泥砌块。在材料的耐久性上，藏民普遍认为石材优于水泥砌块和土坯砖。但是出于环境保护的国家政策，石材被限制随意开采，人力成本的上升也间接导致了石材价格的上涨。因此水泥砖成为当下藏民建房最佳的墙体砌筑材料，土坯砖、石材、木材等传统建筑材料逐渐被抛弃（图 4-14）。

建筑材料的改变，同时也影响着建房结构的选用。近年来，经济宽裕的家庭开始兴建混凝土框架体系的民居（图 4-15），填充墙体根据各家的经济条件不同而有所差异，填充材料以加气混凝土、空心混凝土砌块以及村子附近军队生产的水泥砖为主。工业化材料及建造体系的出现为地震频繁的藏区带来了坚固的结构体系，但是 300mm 填充墙体不再收分，典

图 4-14 混凝土砌块

图 4-15 正在建造的混凝土框架体系民居

型的多米诺体系丧失了传统审美。

除此之外，由于经济水平和建造技术的限制，大部分新建民居外墙并没有设置保温层，而相对于以往厚重的土坯墙或石墙，水泥砖砌块墙保温性能较差。例如拉萨老城改造后，绝大多数民居完全是钢筋混凝土结构，墙厚只有 20~40cm 厚，内外表面水泥抹面即可，一般不设保温层。因此，这些建筑完全失去了冬暖夏凉的特点。相反，夏天热、冬天冷，而且水泥地面和水泥墙所产生的寒冷，是一种刺骨的冷，对身体有害，特别是对患有风湿和关节炎方面等疾病的老人[①]。

在墙体的外表面上，藏民用水泥砂浆模仿出传统土坯外墙上的手抓纹样式（图 4-16），可见手抓纹样式已成为藏族传统文化传承的一个载体。模块化的手抓纹尺寸的标准性、肌理的一致性带来了建筑立面的规范化，消解了传统土质墙体和石质墙体的独特性。此外，原先因为采用规整石块而消失的大小石交错叠砌的砌筑纹理重新以水泥划缝或瓷砖贴面的方式沿用（图 4-17、图 4-18）。

---

① 木雅·曲吉建才.西藏民居 [M]. 北京：中国建筑工业出版社，2009：222.

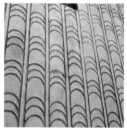  

图 4-16 水泥砂浆仿手抓纹

图 4-19　GRC 门头　　图 4-20　汉式琉璃瓦门头　　　图 4-21　传统门头

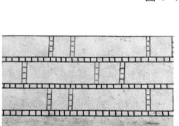  

图 4-17　水泥划缝模仿传统砌筑纹理　　　　图 4-18　瓷砖贴面

业化体系材料的使用，已在不知不觉中基本丧失了西藏地区的地域性特点，表现为一种装饰、符号化的应用。在符号化的装饰中，构造失去了对物质需要的完整回应，是不完整的文化延续。同时，外来施工队对于当地建造的理解易停留在符号层面以及当地居民在建造活动中越来越少的参与，加剧了这种趋势的发展。因此，短时间内如何更有效的融合新技术和传统构造，是一个亟需解决的问题。

门斗栱的变异则更加剧烈，由于木工的手工费用极高，外来施工队不擅长藏式木工，因此复杂的门斗栱由 GRC 压制成形的外挂构件替代（图 4-19），完全成为一种符号。甚至在一些新建住宅中，藏式门头完全由汉式琉璃瓦顶替代了（图 4-20）。汉式琉璃瓦门头虽然也具有提供社交空间等功能，但是却是直接替代了黄土压顶和锯齿状的升起门头墙，不仅改变了以木构和香普为视觉中心的藏式门头审美取向（图 4-21），也使得白石和牛头也失去了存在的空间。

这些统一化的局部装饰材料和工业化的瓷砖饰面材料一起，很大程度地消解了本土地域性墙面特征的表达。因此，大多新建西藏民居，随着工

4.2.2　外墙的适应性改造

墙体的适应性改造需要满足三个方面的要求。①在结构上坚实耐久；②在节能保温上符合外围护结构的热工性能；③保持外立面的地域性特点。

当代材料具有优良的结构性能，但在建筑外观上丧失了传统文化特点。那么，是否应该全面重新使用传统材料呢？答案是否定的。时代在往前发展，民居的当代演进应在发展工业化建造体系、提高建筑工艺、改善人民居住条件的基础上兼顾绿色建筑的节能和保护传统建筑文化特征的要求。

虽然传统的土坯墙体、石材墙体热工性能高于当代混凝土砌块、水泥砖墙体，但经计算得知，如要《西藏居住建筑节能设计标准》DBJ540001-2016 中要求的外墙的传热系数 K[W/（m²·K）] ≤ 0.9，其厚度需要大于 900mm。这样会大面积占据空间，不利于节地节材。针对传统土质墙体、石质墙体的适应性改造，应当保留外立面地域性特点，增设保温层以满足保温需求，且采取合理抗震设防措施。对于当代砌块墙体的适应性改造，要加强保温处理的同时，在外表面通过拉毛处理、增设墙体复合材料等方法维护民居建筑的地域性特征。

而民居建筑的北墙（兼包括相似情况的东西墙），且由于北墙没有受到冬季太阳辐射热，保温的要求略高于南墙。因此，在本图集的适应性改良中，建议对南北墙分别采取不同的策略。

1）墙体砌块材料的选择

（1）土坯砖

传统土坯砖由黏土和砂石组成，村民可就地取材，使用模具自家晾晒即可制成，满足地域性、低技术性和经济性的原则。但是传统土坯砖本身的承载能力和耐久性较差，建筑极易受到地震作用破坏，存在严重的安全隐患。因此，可对传统土坯砖进行适当的改良，以增强其抗压性和稳定性。

已有研究表明在土坯砖的制作过程中加入 5%~7% 的适量水泥，并用高压力压缩成砖，可以增加抗压性能和蓄热性能；而加入 2~8cm 长度不等的植物纤维和适量水泥，可以有效减小砖块密度，增加孔隙率，增加土坯砖的保温、隔声性能。有的利用现代模具制成空心土坯砖，适用于框架

生土砖热工参数限值　　　　　　表 4-1

材料名称	含水率（%）	干密度（g/cm³）	湿密度（g/cm³）	导热系数（W/m·K）
实心砖	≤ 8%	1900~2000	2000~2100	≤ 0.86
空心砖	≤ 5.7%	1800~1900	1900~2000	≤ 0.71

表格来源：《现代生土砖砌体技术导则》

承重体系下的填充墙，具有密度小、保温效果好的优点。生土砖热工参数如表 4-1 所示：

不同于空心砖或其他工业建材，这些改良后的土坯砖在使用结束后可以被回收，并不会破坏拉萨脆弱的生土环境。除此之外，利用现代模具制作土坯砖，砖表面设有榫口，有利于砖块之间的相互咬接。土坯砖大小尺寸沿用西藏地区常用土坯砖尺寸，一般为 400mm×200mm×200mm。

（2）石材

石头在西藏随处可见，而石材是拉萨地区藏族民居建造过程中使用最久也是藏族人们最喜爱的建筑材料。拉萨地区特有的石墙的建造方式本身就具有文化特征，石材的继续使用也有利于藏族文化和传统风貌的延续。拉萨地区的石材以花岗石石材为主，石材尺寸一般为 400mm×200mm×200mm。

除此之外，卵石也是拉萨河谷地区常见的建筑材料。藏民利用原来土坯砖的模具，将卵石加上混凝土制成卵石-混凝土砌块。这种卵石-混凝土砌块在王晖的阿里苹果小学中也有所表达，就地取材的材料使得建筑就像是从原有的基地上生长起来一样（图 4-22）。

图 4-22　苹果阿里小学

（3）混凝土砌块

　　加气混凝土砌块由于价格昂贵，多用于公共建筑，民居建筑少见。而复合保温砌块是由导热系数较低的保温材料和基层砌块组合而成，具有一定的承重能力和高效保温隔热性能，实现了墙体材料结构功能一体化的目标。自保温砌块优良的保温性能及其对传统石材砌筑方式的可复制性，该材料在未来是很好的墙体替代砌筑材料（图 4-23）。

　　在青藏高原的当代公共建筑中，有不少案例采用混凝土砌块延续了西藏地域建筑的传统风貌。例如庄惟敏设计的玉树州行政中心（图 4-24），采用混凝土劈裂砌块代替石材，降低造价的同时营造出传统藏式建筑厚重粗犷的形态特征。州府主楼上部设计原本想通过外装石材变化营造出多重檐口效果，后将石材换为涂料并进行拉毛处理，相比于石材更具有边玛草的质感[1]。而崔愷设计的康巴艺术中心外墙采用不同模数的混凝土空心砌

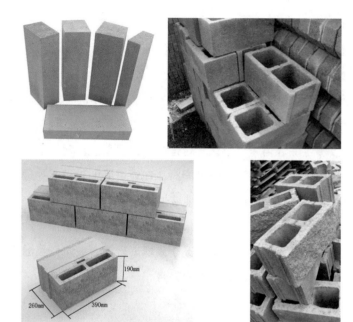

图 4-23　新型混凝土砌块

块，通过钢筋拉结自由叠砌，在立面中增加片砖，并加入空洞外翻的砌块砖，以增加立面的变化，体现了石材构造的真实性（图 4-25），不仅体现了藏族建筑敦厚的形态特征，还降低了构造难度，减少了造价[2]。

2）墙体的抗震改良策略

　　由于西藏地区地处亚欧板块和印度洋板块两大板块的交界处，地震频发。根据《西藏地震史料汇编》的记载，公元 642-1980 年间，西藏地区

① 庄惟敏，张维，屈张. 高原林卡 雪域宗山——玉树州行政中心设计 [J]. 小城镇建设，2014（10）：60-65.

② 崔愷，关飞，曾瑞，等. 康巴艺术中心，玉树，中国 [J]. 世界建筑，2015（3）：130-137.

有记载的地震多达 607 次，平均每十年发生 3 场 5 级以上的地震。《建筑抗震设计规范》GB50011-2010（2016 年版）中也设定拉萨地区是我国抗震等级 8 级地区。

因此，为了提高墙体的稳定性和安全性，如果采用土坯砖、石材砌块承重墙应在砌体承重墙的外墙转角、内外墙交接处以及门窗洞口边设置木材构造柱；在基础、层高中间的墙身以及墙体顶面设置圈梁。

对于生土体系来说，木构造柱直径不小于 120mm，木构造柱埋置前必须进行防腐处理，可用微火轻烧、涂刷青油或沥青等方法[1]。如果缺少木材，外运木材代价大，可选用混凝土构造柱。构造柱需要在房屋四角、纵横墙交界处、大面积开间墙体上与墙体进行拉结。混凝土构造柱与墙体连接处，应咬槎砌筑。构造柱不设独立基础，与基础圈梁连接。生土体系构造柱示意图见图 4-26，具体尺寸见表 4-2。

图 4-24　玉树州行政中心

图 4-25　康巴艺术中心

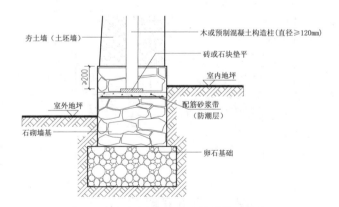

图 4-26　生土体系混凝土构造柱示意图

---

[1] 陈忠范．村镇生土结构建筑抗震技术手册 [M]．南京：东南大学出版社，2012：59.

生土体系构造柱尺寸表 表4-2

类型	横截面尺寸（mm）	混凝土强度等级	纵向钢筋	箍筋
木构造柱	$D \geq 120$			
混凝土构造柱	$\geq 240 \times 180$	$\geq C25$	$\geq 4\phi 12$	$\geq \phi 6@250$
	构造柱需与墙体进行拉结。即沿墙高设 $2\phi 6@750$ 的拉结钢筋，水平方向伸入墙内 $\geq 750mm$，拉结钢筋通过水平砂浆带配置在墙体中，其厚度 $> 10mm$[②]			

石材体系构造柱尺寸表 表4-3

横截面尺寸（mm）	混凝土强度等级	纵向钢筋	箍筋
$\geq 240 \times 240$	$\geq C25$	$\geq 4\phi 12$	$\geq \phi 6@200$
构造柱需与墙体进行拉结。即沿墙高设 $2\phi 6@500$，水平方向伸入墙内 $\geq 1000mm$，拉结钢筋通过水平砂浆带配置在墙体中，其厚度 $> 10mm$			

木圈梁截面尺寸不应小于 120mm×60mm，圈梁与构造柱之间用扒钉固定；混凝土圈梁的配筋不应小于 $2\phi 6$，高度不小于 180mm，构造示意图见图4-27。由于圈梁存在冷桥，建议在圈梁的外侧增加一层保温层。

对于石材体系来说，宜设置钢筋混凝土构造柱和圈梁。构造柱构造示意图见图4-28，具体构造尺寸见表4-3，其他构造要点同生土体系混凝土构造柱设置[①]。圈梁截面高度不应小于 120mm，配筋不应小于 $4\phi 10$，见图4-29。

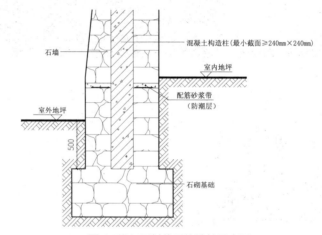

图4-28 石材体系构造柱示意图

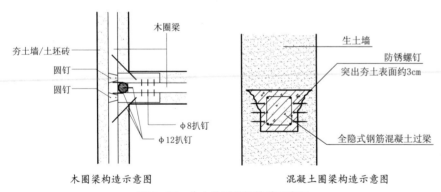

图4-27 生土体系圈梁构造示意图

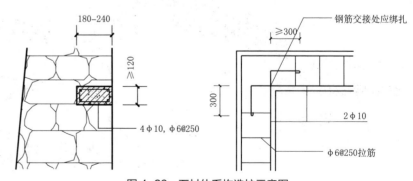

图4-29 石材体系构造柱示意图

① 陈忠范．村镇石结构建筑抗震技术手册 [M]．南京：东南大学出版社，2012：112–113．
② 贾萌．现代生土砖砌体热工性能与建筑节能研究 [D]．西安：西安建筑科技大学，2018：55–56．

3）墙体的保温改良策略

（1）保温材料的选用

　　基于地域性、经济性和低技术性原则，保温材料的选择不仅仅要考虑其热工性能是否满足其相关标准，还要考虑是否符合该地区的资源条件和经济水平。西藏建材市场基本已有内陆地区常用的保温材料，例如聚苯板、挤塑板、岩棉板等，说明当代保温材料在西藏地区已经非常易得。

　　大部门藏民在民居建造的过程中基本不使用保温材料的主要原因是现代保温材料对他们来说过于昂贵。那么，寻找一种便宜、可就地取材的保温材料就非常重要。

　　西藏地区农牧民每年的种植物中大多以青稞为主。而目前青稞秸秆大多作为牛、羊、马等牲畜的饲料，或直接燃料处理，燃烧产生的废气使得青藏高原本就脆弱的生态环境更加不堪重负。在这种情况下，将青稞秸秆压缩成青稞保温板，或许是对青稞秸秆再利用的一个新思路（图 4-30）。

（2）外墙保温构造选型

　　西藏地区属于严寒、寒冷气候区，冬季昼夜温差大，对保温具有较高的要求。而近十几年建造的藏族民居，大多采用 400 厚的实心水泥砖作为主要的墙体砌筑材料，虽然墙体厚度变小了，但是从保温性能的角度来说，水泥砖的保温性远不如传统材料。因此，应根据实际情况对外墙进行保温构造设计。

　　由于石材的砌筑方式是构造真实性的表现，具有文化的延续性，为了保留藏族民居外立面砌块的砌筑感，石材外墙不宜采用外保温的保温构造方式。而土坯砖墙和混凝土砌块外墙外立面的手抓纹取代了其构造的真实性，成为藏文化传承的载体，故土坯砖和混凝土砌块外墙可采用外保温或夹心保温，具体构造见本图集第 3 章。因西藏地处严寒、寒冷地区，内保温难以满足节能要求，故不建议使用内保温构造。

　　当采用外保温时，外立面应保留传统手抓纹样式，保温材料可以选用当地的青稞秆保温板或 EPS、硬泡聚氨酯、胶粉聚苯颗粒等。

　　如若采用夹芯保温，内侧墙体可以使用石材、土坯砖、混凝土砌块墙。外墙保留砌块的砌筑感，不做饰面或简单的白灰抹面，内外墙之间用钢筋拉结，提高墙体的稳定性和抗震性。

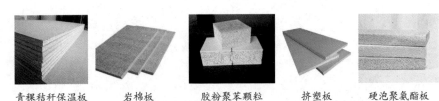

青稞秸秆保温板　　岩棉板　　胶粉聚苯颗粒　　挤塑板　　硬泡聚氨酯板

图 4-30　适宜的保温材料

4.2.3 构造详图

1）传统外墙构造

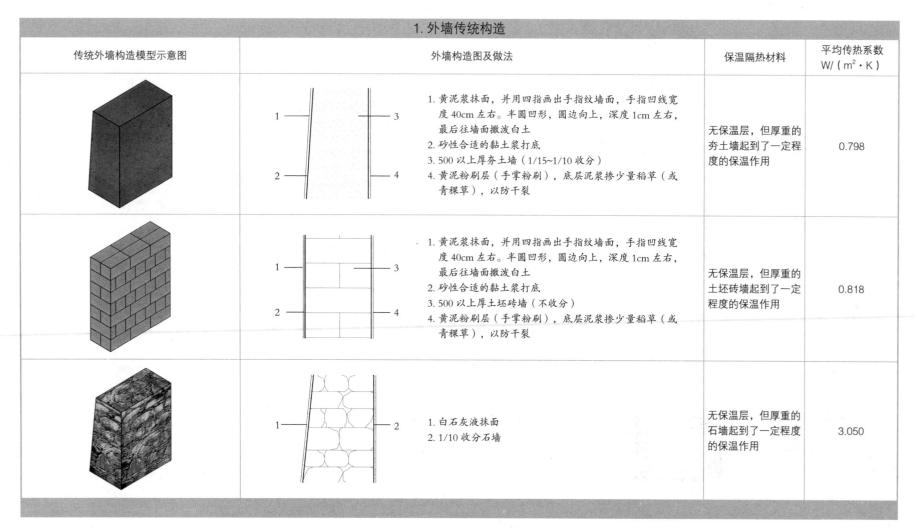

1. 外墙传统构造			
传统外墙构造模型示意图	外墙构造图及做法	保温隔热材料	平均传热系数 W/（m²·K）
	1. 黄泥浆抹面，并用四指画出手指纹墙面，手指凹线宽度40cm左右。半圆凹形，圆边向上，深度1cm左右，最后往墙面撒波白土 2. 砂性合适的黏土浆打底 3. 500以上厚夯土墙（1/15~1/10收分） 4. 黄泥粉刷层（手掌粉刷），底层泥浆掺少量稻草（或青稞草），以防干裂	无保温层，但厚重的夯土墙起到了一定程度的保温作用	0.798
	1. 黄泥浆抹面，并用四指画出手指纹墙面，手指凹线宽度40cm左右。半圆凹形，圆边向上，深度1cm左右，最后往墙面撒波白土 2. 砂性合适的黏土浆打底 3. 500以上厚土坯砖墙（不收分） 4. 黄泥粉刷层（手掌粉刷），底层泥浆掺少量稻草（或青稞草），以防干裂	无保温层，但厚重的土坯砖墙起到了一定程度的保温作用	0.818
	1. 白石灰液抹面 2. 1/10收分石墙	无保温层，但厚重的石墙起到了一定程度的保温作用	3.050

2）外墙抗震改良构造

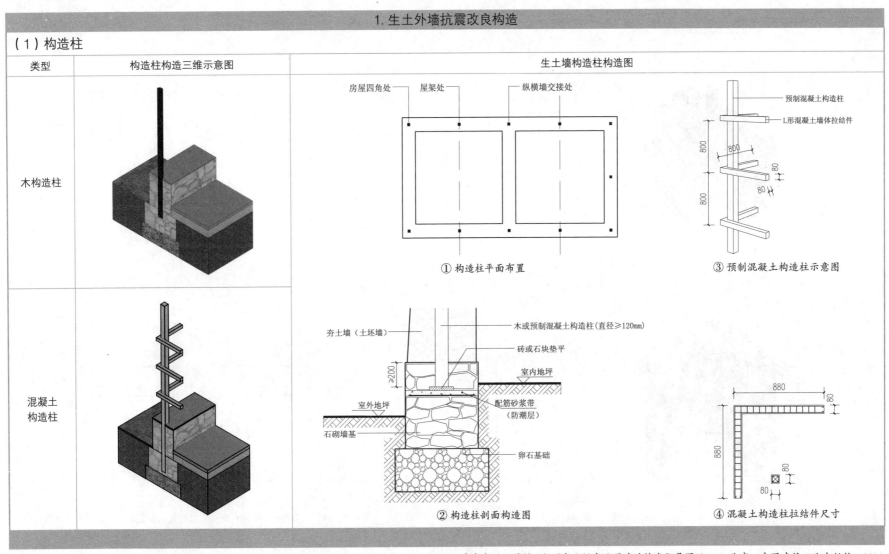

	1. 生土外墙抗震改良构造	
（1）构造柱		
类型	构造柱构造三维示意图	生土墙构造柱构造图
木构造柱		
混凝土构造柱		

① 构造柱平面布置　　③ 预制混凝土构造柱示意图

② 构造柱剖面构造图　　④ 混凝土构造柱拉结件尺寸

注：参考来源：穆钧 . 新型夯土绿色民居建造技术指导图册 [M]. 北京：中国建筑工业出版社，2014.

1. 生土外墙抗震改良构造

（2）圈梁

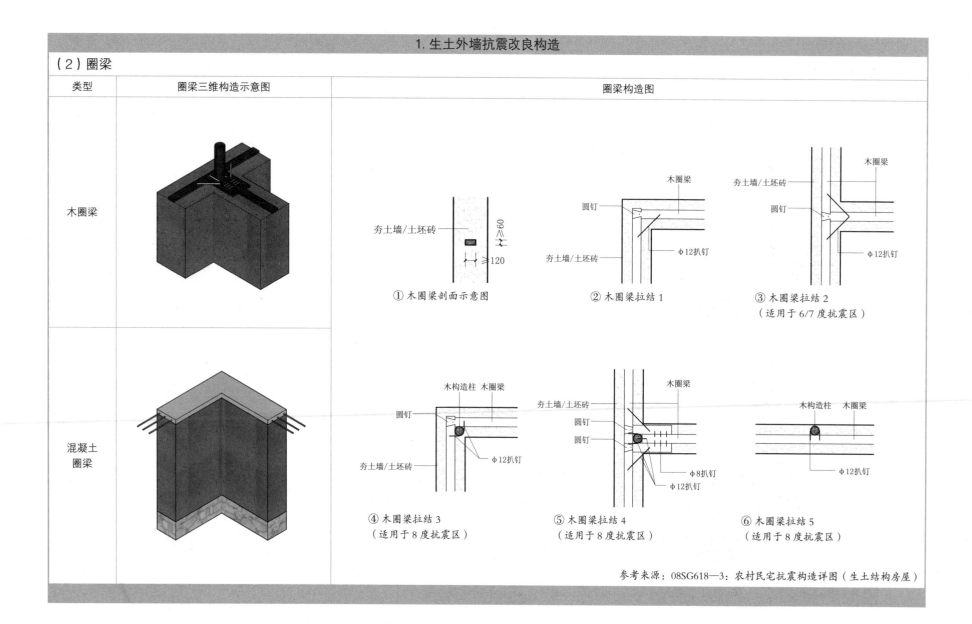

类型	圈梁三维构造示意图	圈梁构造图
木圈梁		① 木圈梁剖面示意图　　② 木圈梁拉结1　　③ 木圈梁拉结2（适用于6/7度抗震区）
混凝土圈梁		④ 木圈梁拉结3（适用于8度抗震区）　　⑤ 木圈梁拉结4（适用于8度抗震区）　　⑥ 木圈梁拉结5（适用于8度抗震区）

夯土墙/土坯砖　≥60　≥120

木圈梁　圆钉　夯土墙/土坯砖　φ12扒钉

夯土墙/土坯砖　木圈梁　圆钉　φ12扒钉

木构造柱　木圈梁　圆钉　夯土墙/土坯砖　φ12扒钉

夯土墙/土坯砖　木圈梁　圆钉　φ8扒钉　φ12扒钉

木构造柱　木圈梁　φ12扒钉

参考来源：08SG618—3：农村民宅抗震构造详图（生土结构房屋）

2.石墙抗震改良构造

（1）构造柱

类型	三维构造示意图	石墙构造柱构造图
混凝土构造柱		

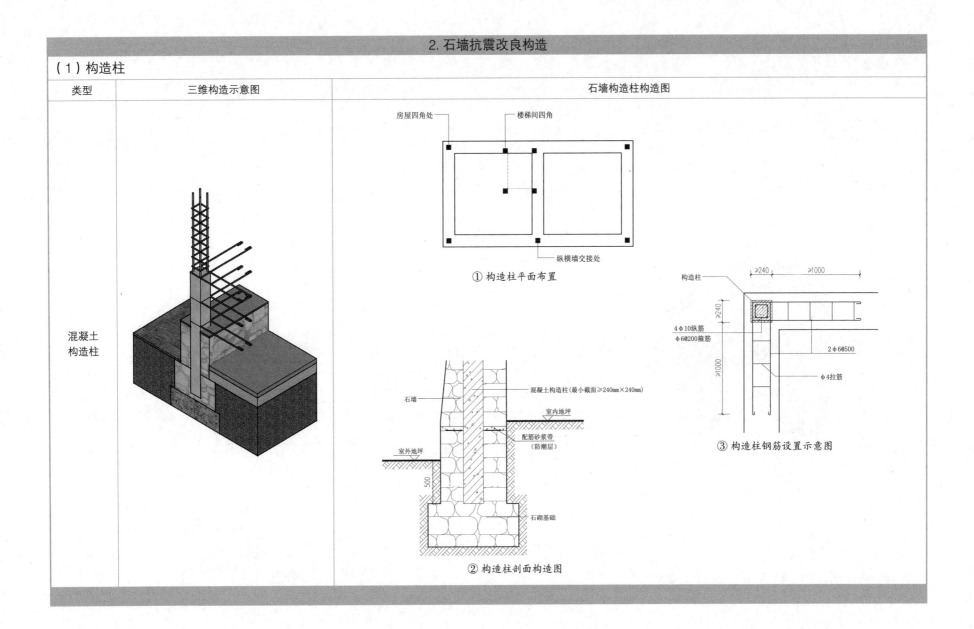

① 构造柱平面布置

② 构造柱剖面构造图

③ 构造柱钢筋设置示意图

2.石墙抗震改良构造

（2）圈梁

类型	圈梁三维构造示意图	圈梁构造图
混凝土圈梁	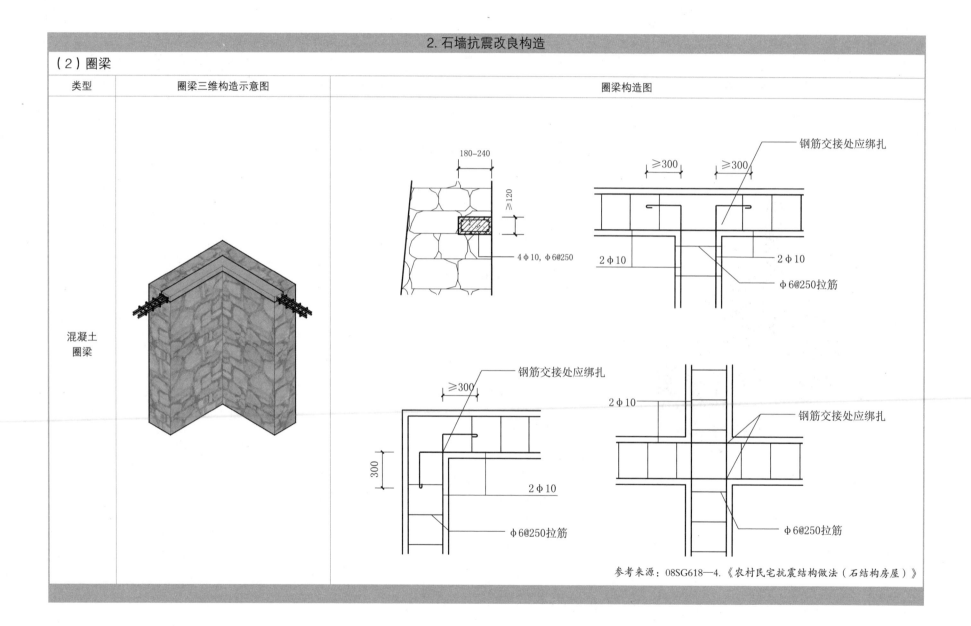	

参考来源：08SG618—4.《农村民宅抗震结构做法（石结构房屋）》

3）外墙保温改良构造

1. 生土外墙保温改良构造					

（1）生土外墙外保温构造

生土外墙外保温构造模型示意图	生土外墙外保温构造图		保温隔热材料	保温层厚度	平均传热系数 W/（m²·K）
		1. 砂性黏土浆打底后（内掺粗砂以防干裂），泥浆抹面，并画出手抓纹，最后白土撒泼 2. 10厚粉刷石膏保护层（压入两层玻纤维网格布抹柔性耐水腻子压光） 3. 固定螺栓 4. 青稞秆保温板 5. 20厚1：3水泥砂浆找平层 6. 1/15~1/10收分夯土外墙或不收分土坯砖墙 7. 饰面层	青稞板	60	0.538
				75	0.459
				100	0.342
		1. 砂性黏土浆打底后（内掺粗砂以防干裂），泥浆抹面，并画出手抓纹，最后白土撒泼 2. 10厚抗裂砂浆压入耐碱网格布 3. 胶粉聚苯颗粒保温层 4. 20厚界面砂浆找平 5. 1/15~1/10收分夯土外墙或不收分土坯砖墙 6. 饰面层	胶粉聚苯颗粒	70	0.522
				95	0.445
				100	0.359

1. 生土外墙保温改良构造

（1）生土外墙外保温构造

生土外墙外保温构造模型示意图	生土外墙外保温构造图		保温隔热材料	保温层厚度	平均传热系数 W/（m²·K）
		1. 砂性黏土浆打底后（内掺粗砂以防干裂），泥浆抹面，并画出手抓纹，最后白土撒泼 2. 10厚粉刷石膏保护层（压入两层玻纤维网格布抹柔性耐水腻子压光） 3. 固定螺栓 4. 保温材料 5. 3厚专用胶粘剂 6. 20厚1：3水泥砂浆找平层 7. 1/15~1/10收分夯土外墙或不收分土坯砖墙 8. 饰面层	岩棉板	60	0.587
				75	0.429
				100	0.308
			聚苯乙烯（EPS）	35	0.521
				45	0.405
				60	0.324
			硬泡聚氨酯板	25	0.516
				30	0.432
				45	0.379

1. 生土外墙保温改良构造

（2）生土外墙内保温构造

生土外墙内保温构造模型示意图	生土外墙内保温构造图	保温隔热材料	保温层厚度	平均传热系数 W/（m²·K）
	1. 砂性黏土浆打底后（内掺粗砂以防干裂），泥浆抹面，并画出手抓纹，最后白土撒泼 2. 1/15~1/10 收分夯土外墙或不收分土坯砖墙 3. 固定螺栓 4. 20 厚 1:3 水泥砂浆找平层 5. 青稞秆保温板 6. 10 厚粉刷石膏保护层（压入两层玻纤维网格布抹柔性耐水腻子压光） 7. 饰面层	青稞板	60	0.506
			80	0.428
			110	0.359
	1. 砂性黏土浆打底后（内掺粗砂以防干裂），泥浆抹面，并画出手抓纹，最后白土撒泼 2. 1/15~1/10 收分夯土外墙或不收分土坯砖墙 3. 20 厚界面砂浆找平 4. 胶粉聚苯颗粒保温层 5. 10 厚抗裂砂浆压入耐碱网格布 6. 饰面层	胶粉聚苯颗粒	60	0.528
			80	0.431
			100	0.349

1. 生土外墙保温改良构造

（2）生土外墙内保温构造

生土外墙内保温构造模型示意图	生土外墙内保温构造图	保温隔热材料	保温层厚度	平均传热系数 W/ (m² · K)
		岩棉板	60	0.522
			80	0.417
			110	0.362
		聚苯乙烯（EPS）	35	0.561
			50	0.423
			70	0.357
		硬泡聚氨酯板	25	0.553
			35	0.482
			45	0.379

1. 砂性黏土浆打底后（内掺粗砂以防干裂），泥浆抹面，并画出手抓纹，最后白土撒泼
2. 1/15~1/10 收分夯土外墙或不收分土坯砖墙
3. 固定螺栓
4. 20厚1:3水泥砂浆找平层
5. 3厚专用胶粘剂
6. 保温材料
7. 10厚粉刷石膏保护层（压入两层玻纤维网格布抹柔性耐水腻子压光）
8. 饰面层

1. 生土外墙保温改良构造

（3）生土外墙夹芯保温构造

生土外墙夹芯保温构造模型示意图	生土外墙夹芯保温构造图		保温隔热材料	保温层厚度	平均传热系数 W/（m²·K）
		1. 砂性黏土浆打底后（内掺粗砂以防干裂），泥浆抹面，并画出手抓纹，最后白土撒泼 2. 夯土外叶墙 3. 20 厚空气间层 4. 保温材料 5. 内外叶墙拉结件 6. 200 厚混凝土砌块内叶墙 7. 饰面层	青稞板	35	0.559
				50	0.415
				80	0.348
			岩棉板	35	0.527
				50	0.462
				80	0.358
			聚苯乙烯（EPS）	35	0.527
				50	0.462
				80	0.358
			硬泡聚氨酯板	35	0.527
				50	0.462
				80	0.358
		1. 砂性黏土浆打底后（内掺粗砂以防干裂），泥浆抹面，并画出手抓纹，最后白土撒泼 2. 200 厚土坯砖外叶墙 4. 保温材料 5. 内外叶墙拉结件 6. 200 厚土坯砖内叶墙 7. 饰面层	青稞板	35	0.559
				50	0.415
				80	0.348
			岩棉板	35	0.527
				50	0.462
				80	0.358
			聚苯乙烯（EPS）	35	0.527
				50	0.462
				80	0.358
			硬泡聚氨酯板	35	0.527
				50	0.462
				80	0.358

2. 石墙保温改良构造

（1）石墙内保温构造

石墙内保温构造模型示意图	石墙内保温构造图	保温隔热材料	保温层厚度	平均传热系数 W/（m²·K）
	 1. 白石灰液抹面 2. 1/10 收分石墙 3. 固定螺栓 4. 20厚1：3水泥砂浆找平层 5. 青稞秆保温板 6. 10厚粉刷石膏保护层（压入两层玻纤维网格布抹柔性耐水腻子压光） 7. 饰面层	青稞板	60	0.549
			80	0.467
			110	0.386
	 1. 白石灰液抹面 2. 1/10 收分石墙 3. 20厚界面砂浆找平 4. 胶粉聚苯颗粒保温层 5. 10厚抗裂砂浆压入耐碱网格布 6. 饰面层	胶粉聚苯颗粒	25	0.502
			35	0.409
			45	0.315

2. 石墙保温改良构造

（1）石墙内保温构造

石墙内保温构造模型示意图	石墙内保温构造图		保温隔热材料	保温层厚度	平均传热系数 W/（m²·K）
		1. 白石灰液抹面 2. 1/10 收分石墙 3. 固定螺栓 4. 20 厚 1：3 水泥砂浆找平层 5. 3 厚专用胶粘剂 6. 保温材料 7. 10 厚粉刷石膏保护层（压入两层玻纤维网格布抹柔性耐水腻子压光） 8. 饰面层	岩棉板	60	0.529
				80	0.441
				110	0.349
			聚苯乙烯（EPS）	40	0.516
				50	0.473
				60	0.311
			硬泡聚氨酯板	25	0.546
				35	0.429
				45	0.367

2. 石墙保温改良构造

（2）石墙夹芯保温构造

石墙夹芯保温构造模型示意图	石墙夹芯保温构造图	保温隔热材料	保温层厚度	平均传热系数 W/(m²·K)
	 1. 白石灰液抹面 2. 1/10首份收分石材外叶墙 3. 20厚空气间层 4. 保温材料 5. 内外叶墙拉结钢筋网片或拉结件 6. 200厚石材内叶墙 7. 20厚1:3水泥砂浆找平层 8. 饰面层	青稞板	50	0.526
			70	0.459
			100	0.364
		岩棉板	50	0.557
			70	0.423
			100	0.355
		聚苯乙烯（EPS）	30	0.507
			40	0.415
			60	0.324
		硬泡聚氨酯板	30	0.512
			40	0.406
			60	0.311
	 1. 白石灰液抹面 2. 1/10收分石材外叶墙 3. 20厚空气间层 4. 保温材料 5. 内外叶墙拉结钢筋网片或拉结件 6. 200厚混凝土空心砌块内叶墙 7. 20厚1:3水泥砂浆找平层 8. 饰面层	青稞板	30	0.515
			45	0.427
			60	0.341
		岩棉板	30	0.581
			45	0.464
			60	0.376
		聚苯乙烯（EPS）	25	0.529
			30	0.467
			45	0.374
		硬泡聚氨酯板	20	0.522
			30	0.416
			45	0.365

3. 混凝土砌块墙保温改良构造					

（1）混凝土砌块墙外保温构造

混凝土砌块墙外保温构造模型示意图	混凝土砌块墙外保温构造		保温隔热材料	保温层厚度	平均传热系数 W/（m² · K）
		1. 外墙涂料拉毛处理 2. 10 厚聚合物砂浆保护层 （压入两层玻纤维网格布） 3. 保温材料 4. 固定螺栓 5. 3 厚专用胶粘剂 6. 20 厚 1：3 水泥砂浆找平 7. 300 厚混凝土实心砌块墙 8. 20 厚水泥砂浆抹面	岩棉板	60	0.513
				80	0.469
				110	0.345
			聚苯乙烯（EPS）	40	0.538
				50	0.447
				70	0.359
			硬泡聚氨酯板	40	0.527
				50	0.416
				70	0.337
		1. 外墙涂料拉毛处理 2. 10 厚抗裂砂浆压入耐碱网格布 3. 胶粉聚苯颗粒保温层 4. 20 厚界面砂浆找平 5. 300 厚混凝土实心砌块墙 6. 20 厚水泥砂浆抹面	胶粉聚苯颗粒	30	0.526
				35	0.415
				50	0.344

3.混凝土砌块墙保温改良构造

（1）混凝土砌块墙外保温构造

混凝土砌块墙外保温构造模型示意图	混凝土砌块墙外保温构造	保温隔热材料	保温层厚度	平均传热系数 W/（m²·K）
	1. 外墙涂料拉毛处理 2. 10厚聚合物砂浆保护层（压入两层玻纤维网格布） 3. 保温材料 4. 固定螺栓 5. 3厚专用胶粘剂 6. 20厚1:3水泥砂浆找平 7. 200厚混凝土空心砌块墙 8. 20厚水泥砂浆抹面	岩棉板	70	0.591
			0	0.487
			110	0.341
		聚苯乙烯（EPS）	40	0.533
			60	0.406
			75	0.314
		硬泡聚氨酯板	40	0.519
			60	0.421
			75	0.309
	1. 外墙涂料拉毛处理 2. 10厚抗裂砂浆压入耐碱网格布 3. 胶粉聚苯颗粒保温层 4. 20厚界面砂浆找平 5. 300厚混凝土空心砌块墙 6. 20厚水泥砂浆抹面	胶粉聚苯颗粒	35	0.514
			45	0.461
			50	0.377

3. 混凝土砌块墙保温改良构造				

（2）混凝土砌块墙内保温构造

混凝土砌块墙内保温构造模型示意图	混凝土砌块墙内保温构造		保温隔热材料	保温层厚度	平均传热系数 W/（m²·K）
		1. 白色涂料面层 2. 300厚混凝土实心砌块墙 3. 固定螺栓 4. 20厚水泥砂浆找平层 5. 3厚专用胶粘剂 6. 保温材料 7. 10厚粉刷石膏保护层 8. 饰面层	岩棉板	70	0.564
				90	0.422
				120	0.316
			聚苯乙烯（EPS）	40	0.516
				50	0.420
				70	0.309
			硬泡聚氨酯板	40	0.531
				50	0.421
				70	0.311
		1. 白色涂料面层 2. 300厚混凝土实心砌块墙 3. 20厚界面砂浆找平 4. 胶粉聚苯颗粒保温层 5. 10厚抗裂砂浆压入耐碱网格布 6. 饰面层	胶粉聚苯颗粒	35	0.523
				40	0.417
				50	0.308

3. 混凝土砌块墙保温改良构造				

（2）混凝土砌块墙内保温构造

混凝土砌块墙内保温构造模型示意图	混凝土砌块墙内保温构造	保温隔热材料	保温层厚度	平均传热系数 W/（m²·K）
	 1. 白色涂料面层 2. 200厚混凝土空心砌块墙 3. 固定螺栓 4. 20厚1：3水泥砂浆找平层 5. 3厚专用胶粘剂 6. 保温材料 7. 10厚粉刷石膏保护层 8. 饰面层	岩棉板	70	0.557
			90	0.463
			120	0.374
		聚苯乙烯（EPS）	45	0.511
			55	0.408
			75	0.315
		硬泡聚氨酯板	45	0.524
			55	0.418
			75	0.309
	 1. 白色涂料面层 2. 200厚混凝土空心砌块墙 3. 20厚界面砂浆找平 4. 胶粉聚苯颗粒保温层 5. 10厚抗裂砂浆压入耐碱网格布 6. 饰面层	胶粉聚苯颗粒	30	0.509
			40	0.415
			50	0.307

| 3. 混凝土砌块墙保温改良构造 | | | | |

（3）混凝土砌块墙夹芯保温构造

混凝土砌块墙夹芯保温构造 模型示意图	混凝土砌块墙夹芯保温构造	保温隔热材料	保温层厚度	平均传热系数 W/（m²·K）
	1. 白色涂料面层 2. 100 厚混凝土实心砌块外叶墙 3. 20 厚空气间层 4. 保温材料 5. 内外叶墙拉结钢筋网片或拉结件 6. 200 厚混凝土砌块内叶墙 7. 20 厚 1：3 水泥砂浆找平层 8. 饰面层	岩棉板	40	0.565
			60	0.467
			90	0.386
		聚苯乙烯 （EPS）	35	0.547
			45	0.449
			60	0.315
		硬泡聚 氨酯板	35	0.502
			45	0.408
			60	0.312
	1. 白色涂料面层 2. 100 厚混凝土空心砌块外叶墙 3. 20 厚空气间层 4. 保温材料 5. 内外叶墙拉结钢筋网片或拉结件 6. 200 厚混凝土空心砌块内叶墙 7. 20 厚 1：3 水泥砂浆找平层 8. 饰面层	岩棉板	40	0.545
			60	0.458
			90	0.367
		聚苯乙烯 （EPS）	35	0.519
			45	0.428
			60	0.313
		硬泡聚 氨酯板	35	0.527
			45	0.422
			60	0.321

3. 混凝土砌块墙保温改良构造

（4）混凝土砌块墙自保温构造

混凝土砌块墙自保温构造 模型示意图	混凝土砌块墙自保温构造及简图	保温隔热材料	保温层厚度	平均传热系数 W/（m²·K）
	1. 20厚水泥砂浆抹面 2. 300厚加气混凝土砌块 3. 10厚水泥砂浆找平 （内嵌玻璃纤维耐碱网格布一层） 4. 20厚水泥砂浆抹面	加气混凝土砌块	180	0.574
			190	0.468
			300	0.387
	1. 20厚水泥砂浆抹面 2. 保温材料 3. 350厚复合保温砌块 4. 20厚水泥砂浆抹面	挤塑聚苯板 （XPS）	30	0.530
			40	0.429
			50	0.316
		聚苯乙烯 （EPS）	30	0.537
			40	0.419
			50	0.341
		硬泡聚氨酯板	25	0.518
			30	0.422
			40	0.324

4.3　楼地面

4.3.1　楼地面的当代演进

　　传统西藏建筑室内楼地面多为原土夯实（图 4-31、图 4-33），一定厚度的原土夯实后，将表面打磨平整光滑后，便是面层，有些公共建筑地面面层会用到石块地面（图 4-32）。由于原土面层容易起灰，后来藏民改用水泥砂浆面层（图 4-34），有些经济富裕的家庭也会用木地板（图 4-35、图 4-36）。现代材料的瓷砖和木地板时尚美观，易于清洁，在当代民居中逐渐普遍。由于地面的混凝土热阻远小于夯实的土壤，混凝土地面也成为热损失的通道。

　　此外，近年来西藏地区民居南向房间多做阳光房，水泥楼地面吸热系数和导热系数较大，不仅与脚部的热交换快，人体散失热量多，而且无法吸收并储藏太阳能，白天经过太阳辐射而升高的房间温度在夜晚就会迅速降下来，使得阳光房昼夜温差波动较大，室内热舒适度较差。

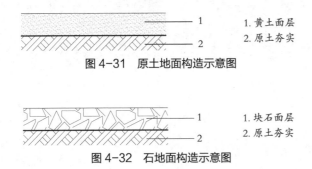

1	1. 黄土面层
2	2. 原土夯实

图 4-31　原土地面构造示意图

1	1. 块石面层
2	2. 原土夯实

图 4-32　石地面构造示意图

图 4-33　土质地面

图 4-34　水泥地面

图 4-35　木地板地面面层

图 4-36　瓷砖地面面层

4.3.2　楼地面的适应性改造

　　在体系化的楼地面改良设计中，应提高楼地面的保温蓄热性能，减少通过地面的热量流失。

　　作为建筑的围护结构之一，地面也应该有一定的保温措施。人体的热舒适也与地面面层的吸热指数有关。吸热指数大的面层材料，与脚部的热交换越快，人体散失热量越多。因此，地面面层应选择一些吸热指数较小的材料，例如木板。此外，西藏地区日照强烈，南向开窗面积大，

① 陈耀东 . 中国藏族建筑 [M]. 北京：中国建筑工业出版社，2007.

太阳辐射透可直接照射到室内地面，因此提高地面的蓄热性有利于室内的热稳定性。

对于新建建筑而言，楼地面结构由于采用混凝土材料，热损失较大，应当添加保温层（图 4-37）。对于传统土质地面的建筑，可以保留夯实土壤的使用，并增加保温蓄热能力好的散料，如炉渣，降低地面热损失（图 4-38）。

除此之外，有研究表明重质楼地面相对于轻质楼地面，夜晚放出的热量更多，蓄热性能更高，更有利于提高室内的热稳定性。因此，结合西藏当地情况，就地取材，建议在南向房间铺设卵石、石材或重质土坯砖垫层，提高南向楼地面的蓄热能力（图 4-39）。

在阳光房的部分，地面应选用热惰性指标高的蓄热材料，白天吸收热量，夜晚释放热量，从而降低阳光房的温差波动。

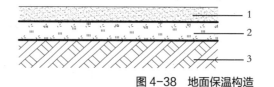

1. 夯土地面
2. 100 厚炉渣或锯末、土、石灰回填混合物
3. 150 厚三七灰土夯实

图 4-38　地面保温构造

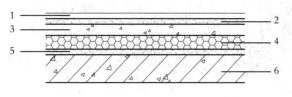

1. 楼面
2. 20 厚 1：3 水泥砂浆找平
3. 40 厚 C20 细石混凝土
4. 保温材料
5. 20 厚水泥砂浆找平层
6. 100 厚混凝土楼板

图 4-37　混凝土楼面保温构造

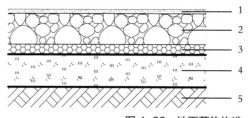

1. 20 厚保温砂浆
2. 蓄热层
3. 50 厚 XPS 保温板
4. 160 厚 1：8 水泥焦砖
5. 原土夯实

图 4-39　地面蓄热构造

4.3.3　构造详图

1）传统楼地面构造

1. 传统地面构造			
地面构造模型示意图	地面构造模型示意图	保温隔热材料	平均传热系数 W/（m²·K）
	1. 黄土面层 2. 原土夯实		2.43
	1. 块石面层 2. 原土夯实		2.97

2. 传统楼面构造

传统楼面构造模型示意图	楼面构造图及做法

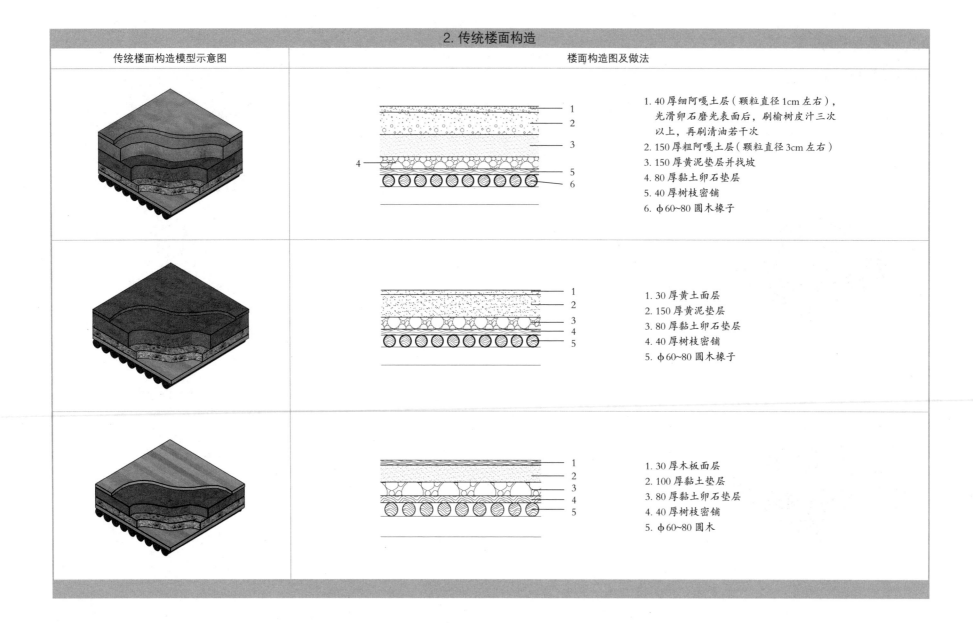

1. 40 厚细阿嘎土层（颗粒直径 1cm 左右），光滑卵石磨光表面后，刷榆树皮汁三次以上，再刷清油若干次
2. 150 厚粗阿嘎土层（颗粒直径 3cm 左右）
3. 150 厚黄泥垫层并找坡
4. 80 厚黏土卵石垫层
5. 40 厚树枝密铺
6. φ60~80 圆木橼子

1. 30 厚黄土面层
2. 150 厚黄泥垫层
3. 80 厚黏土卵石垫层
4. 40 厚树枝密铺
5. φ60~80 圆木橼子

1. 30 厚木板面层
2. 100 厚黏土垫层
3. 80 厚黏土卵石垫层
4. 40 厚树枝密铺
5. φ60~80 圆木

2）改良楼地面构造

1. 地面改良构造				
地面构造模型示意图	地面构造及简图	保温隔热材料	保温层厚度	保温材料层热阻 m²·K/W
	 1. 夯土地面 2. 100 厚炉渣或锯末、土、石灰回填混合物 3. 150 厚三七灰土夯实	炉渣或锯末、土、石灰回填混合物	600	1.10~1.20
			650	> 1.20
	 1. 20 厚保温砂浆 2. 蓄热层 3. 50 厚 XPS 保温板 4. 160 厚 1：8 水泥焦砟 5. 原土夯实	块石	30	1.10~1.20
			40	> 1.20
		卵石	30	1.10~1.20
			40	> 1.20
		重质土砖	45	1.10~1.20
			50	> 1.20

1. 地面改良构造				
地面构造模型示意图	地面构造及简图	保温隔热材料	保温层厚度	保温材料层热阻 m²·K/W
	 1. 地面 2. 20 厚 1:3 水泥砂浆找平 3. 40 厚 C20 细石混凝土 4. 保温材料 5. 20 厚水泥砂浆找平层 6. 100 厚 C10 混凝土垫层 7. 原土夯实	挤塑聚苯板（XPS）	30	1.10~1.20
			40	> 1.20
		复合硅酸盐保温板	35	1.10~1.20
			50	> 1.20
		硬泡聚氨酯板	35	1.10~1.20
			45	> 1.20
		沥青珍珠岩保温板	150	1.10~1.20
			200	> 1.20

2. 楼面改良构造

楼面构造模型示意图	楼面构造及简图

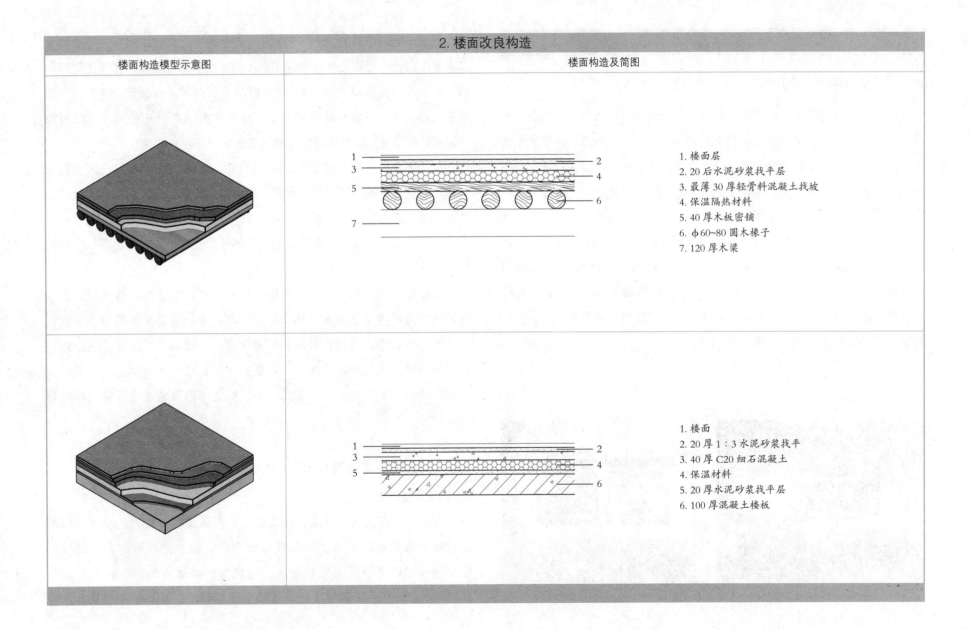

(上部构造)

1. 楼面层
2. 20 后水泥砂浆找平层
3. 最薄 30 厚轻骨料混凝土找坡
4. 保温隔热材料
5. 40 厚木板密铺
6. φ60~80 圆木椽子
7. 120 厚木梁

(下部构造)

1. 楼面
2. 20 厚 1∶3 水泥砂浆找平
3. 40 厚 C20 细石混凝土
4. 保温材料
5. 20 厚水泥砂浆找平层
6. 100 厚混凝土楼板

4.4 外窗

4.4.1 窗户的当代演进

传统门窗多采用木材做窗框，而随着铝合金型材、玻璃等现代建材在西藏地区的普及，以及铝合金窗相对更好的密闭性和抗风性，木窗逐渐被铝合金窗取代。但是铝合金的导热系数比木材大得多，单玻窗的保温性能也较差，因此室内热环境并不稳定。在一些设计规格比较高和较富裕的藏民自建房，会使用技术含量更高的断热铝合金窗框，采用中空 LOW-E 双层玻璃。由于施工精度的不足，窗框和窗洞墙体间的缝隙常常漏风。在外观上，一些民居为了维持外立面的整体和谐，将铝合金窗涂木色漆，与传统风貌相协调（图 4-40）。另外，黑色的梯形窗套依然保留，以往每年重新刷一遍的黑色涂料，逐渐被水泥染色、黑色瓷砖或黑石片替代，形状也从原来的梯形变为矩形（图 4-41）。

1980 年代初建造的民居门窗檐口装饰构件仍然以木材为主，木材大多从老屋回收。后来由于外来施工队不擅长藏式木工以及木工手工费用极高，复杂的门窗檐口装饰由 GRC 压制成形的外挂构件替代。在相应的位置砌筑嵌入墙体，例如墙体的檐口，抹上水泥砂浆形成墙帽。GRC 材料不像木材遭雨淋日晒容易腐烂，藏民充分利用了这一优势。

门头香普构造在西藏地区多风多日照的天气中十分容易掉色和腐蚀，却依旧是不可或缺的西藏民居元素。每到藏历新年，藏民们都会更换门楣香普和屋顶的经幡，后来藏民将织布香普替换成耐久性更好的金属香普。因此，该构造已经成为了文化活动的一部分，被当地人充分重视并完好地保留了下来。

西藏地区太阳辐射强烈，应当采取一定的遮阳措施。传统的香普和民居外立面风貌结合紧密，相得益彰，具有浓郁的西藏民居特色。采用混凝土建筑和阳光房后，遮阳和建筑脱离，各成体系，失去了往日协调美观的情趣。尤其是阳光房中，现在多采用窗帘作为内遮阳，拉上窗帘则难以透风，使得房间空间流动性差。外立面的地域性建筑特征也受到巨大的冲击。

4.4.2 外窗的适应性改造

1）保温节能改造

西藏地区白天与夜晚温度相差较大，对保温具有较高的要求。而西藏地区新建民居的外窗多为普通单玻木窗或铝合金单玻窗，保温性能差，导致室内昼夜温差变化极大。传统木窗虽然传热系数较低，只有 0.17W/K·m，但防腐性、抗风性和密闭性都比较差，长年累月，木窗

图 4-40　铝合金窗

图 4-41　瓷砖贴面的黑色窗套

出现不同程度的变形、损坏，导致冬季冷风渗透严重。另外，传统民居外墙粗糙不平，导致窗框与墙体之间存在缝隙，也容易导致冬季寒风的渗透。单玻铝合金窗虽然耐久性良好，但是无论窗框还是玻璃传热系数均较大，铝合金的导热系数达到 203W/K·m，所以普通铝合金窗框不适合在住宅上使用。

　　体系化改良并不是简单地改变窗框或窗玻璃的选材，而是综合地考虑整个门窗系统的保温性能。一是利用空气间层，起到热阻隔的作用，改善窗玻璃的隔热性能；二是提高窗框的气密性，二者无论是对木窗还是对铝合金窗都适用。

　　如若仍然使用木窗，应提高木门窗工艺。木材不宜选用易变形的木材作为窗框材料，同时在窗框制作加工的过程中，应尽量做到精准，避免缝隙的存在。在施工过程中，也尽量保证窗体受力均匀，避免窗户变形。除此之外，为了增加窗框的密闭性，窗框与窗扇的连接处加副框堵缝，并加贴密封条；门窗框与墙的连接处用纤维质材料填充，然后再增加窗洞套口堵缝（图 4-42）。除此之外，还可在室内一侧增加一道铝合金单玻窗，形成双框双玻窗，在两道单玻窗之间增设一道保温窗帘，昼间开启、夜间关闭，阻碍了室内热传递（图 4-43）。如果是铝合金窗，提倡采用断热铝合金窗的窗框，使用双层玻璃，提高保温效果。

2）传统延续与遮阳改造

　　传统拉萨民居的门窗向来是雕刻装饰的重点地方，注意窗户保温隔热性能的同时，也要注意窗户样式的选择，要体现藏族特色。藏族传统木窗样式一般有直棂窗、斜格窗、木板窗三种（图 4-44），窗户上方有木质

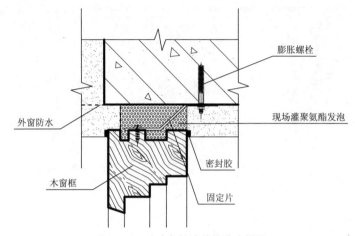

图 4-42　木窗与墙连接构造大样图

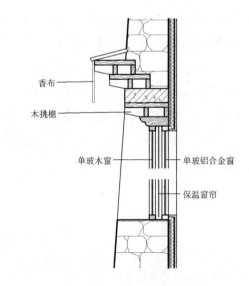

图 4-43　双框双玻窗构造示意

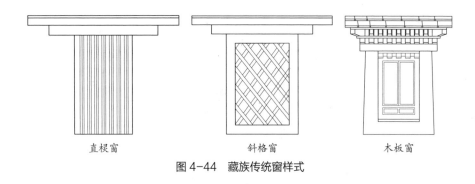

| 直棂窗 | 斜格窗 | 木板窗 |

图 4-44　藏族传统窗样式

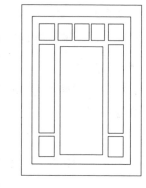

抽象木格样式的窗式一

斗栱挑檐，挑檐上绘有精美的图案[①]。后来随着现代建材的涌入，多用厂商统一预制的铝合金窗，样式单一，而檐口的挑檐也换成了GRC预制构件，掩盖了构造的真实性，缺乏民居特色。

在对藏式传统窗户的继承上，或许可以在青藏高原的公共建筑设计中汲取灵感。例如庄惟敏设计的青海玉树州行政中心，其窗户的样式就是参考拉萨传统木窗样式，提炼出抽象木格样式的窗式一和带有藏族"玻璃尕层"样式的窗式二（图4-45）。窗式一主要用在主楼办公或接待室等较为开放的空间，而窗式二一般用在院落空间等近人尺度的空间[②]。

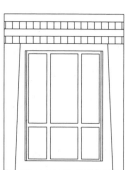

带有藏族"玻璃尕层"样式的窗式二

图 4-45　青海玉树州行政中心窗样式

除此之外，传统的八卡装饰建议保留其原有材料和形态。在后来的演进中，应将传统香普遮阳和铝合金窗进行结合设计，调和铝合金窗的现代感。

① 陈耀东.中国藏族建筑 [M].北京：中国建筑工业出版社，2007.
② 庄惟敏，张维，屈张.高原林卡 雪域宗山——玉树州行政中心设计 [J].小城镇建设，2014（10）：60-65.

4.4.3　构造详图

1）传统藏式窗

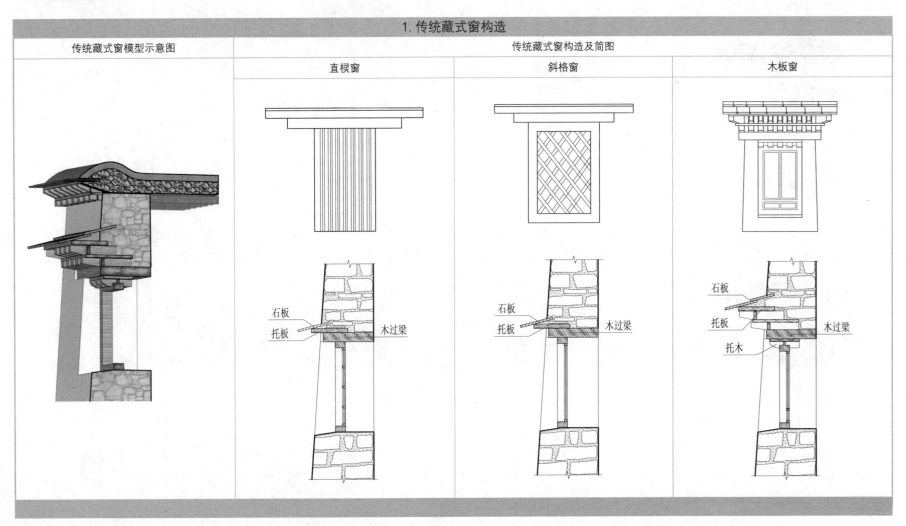

1. 传统藏式窗构造			
传统藏式窗模型示意图	传统藏式窗构造及简图		
	直棂窗	斜格窗	木板窗

2）改良藏式窗

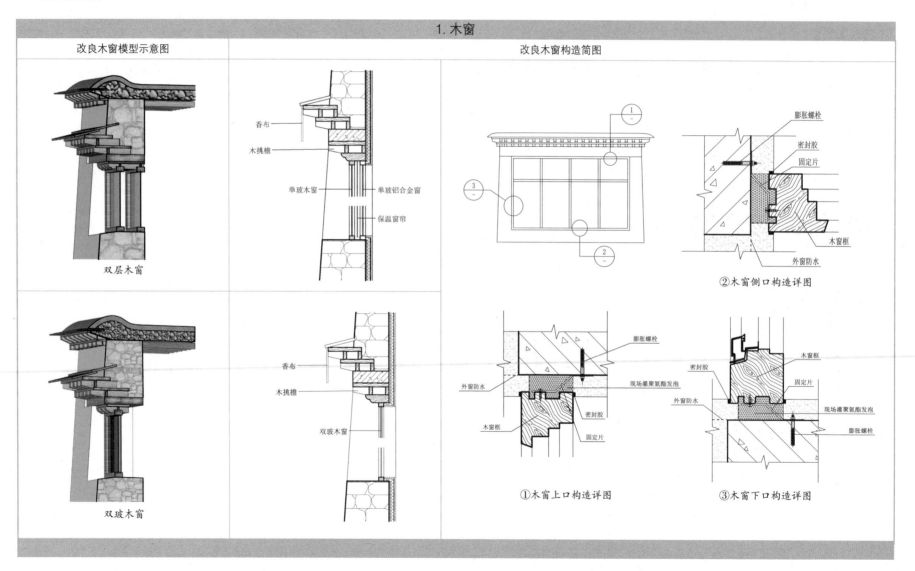

1. 木窗

改良木窗模型示意图

改良木窗构造简图

双层木窗

香布
木挑檐
单玻木窗
单玻铝合金窗
保温窗帘

双玻木窗

香布
木挑檐
双玻木窗

①
③
②

膨胀螺栓
密封胶
固定片
木窗框
外窗防水

②木窗侧口构造详图

膨胀螺栓
外窗防水
现场灌聚氨酯发泡
木窗框
密封胶
固定片

①木窗上口构造详图

密封胶
木窗框
固定片
外窗防水
现场灌聚氨酯发泡
膨胀螺栓

③木窗下口构造详图

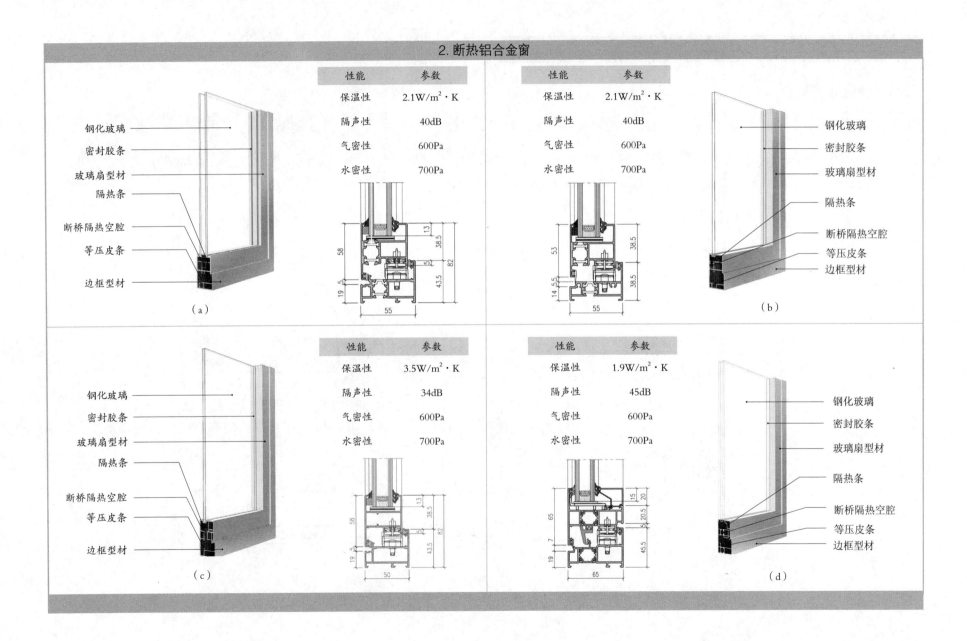

4.5 外围护保温体系

4.5.1 外保温构造

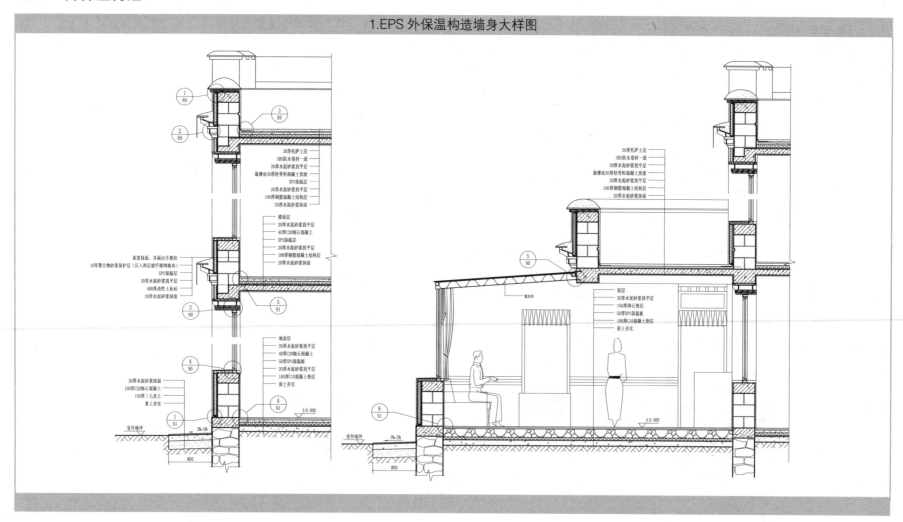

1.EPS 外保温构造墙身大样图

2.EPS 外保温构造墙身节点大样图

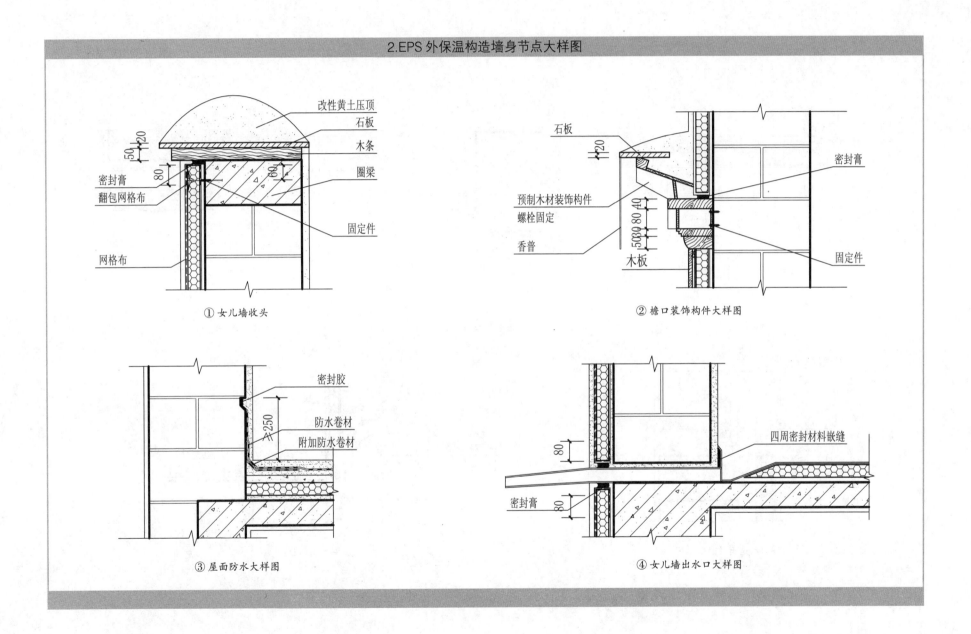

改性黄土压顶
石板
木条
圈梁
固定件
密封膏
翻包网格布
网格布

① 女儿墙收头

石板
密封膏
预制木材装饰构件
螺栓固定
香普
木板
固定件

② 檐口装饰构件大样图

密封胶
防水卷材
附加防水卷材

③ 屋面防水大样图

四周密封材料嵌缝
密封膏

④ 女儿墙出水口大样图

2.EPS 外保温构造墙身节点大样图

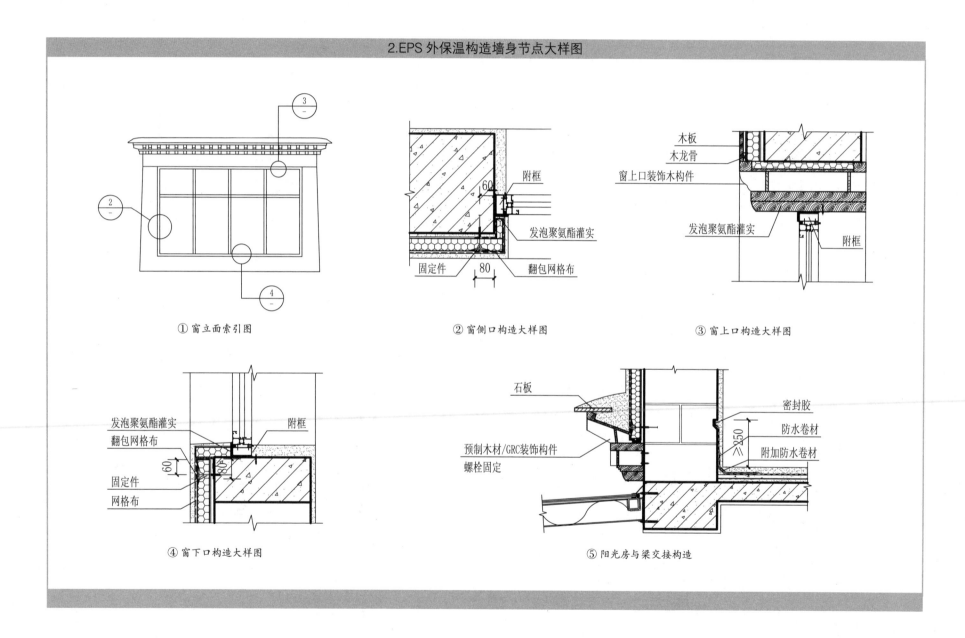

① 窗立面索引图

② 窗侧口构造大样图

附框
发泡聚氨酯灌实
翻包网格布
固定件

③ 窗上口构造大样图

木板
木龙骨
窗上口装饰木构件
发泡聚氨酯灌实
附框

④ 窗下口构造大样图

发泡聚氨酯灌实
翻包网格布
固定件
网格布
附框

⑤ 阳光房与梁交接构造

石板
预制木材/GRC装饰构件
螺栓固定
密封胶
防水卷材
附加防水卷材
≥250

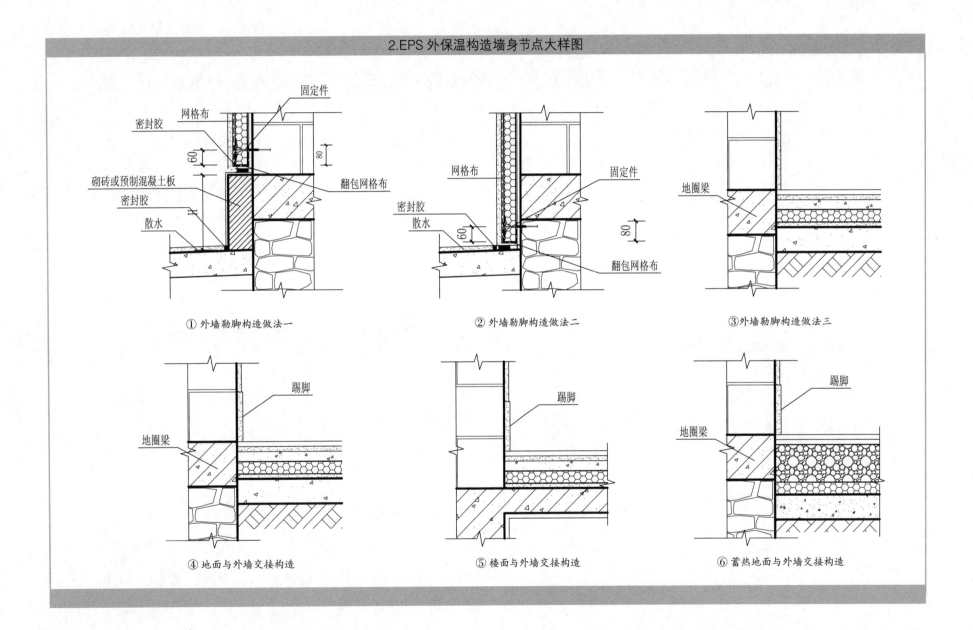

① 外墙勒脚构造做法一　　　　② 外墙勒脚构造做法二　　　　③ 外墙勒脚构造做法三

④ 地面与外墙交接构造　　　　⑤ 楼面与外墙交接构造　　　　⑥ 蓄热地面与外墙交接构造

4.5.2 夹芯保温构造

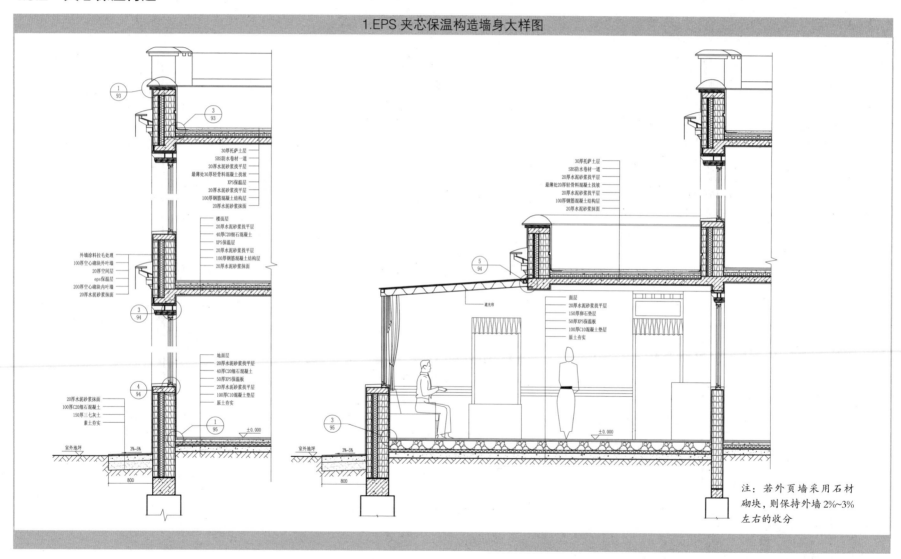

1.EPS 夹芯保温构造墙身大样图

注：若外页墙采用石材砌块，则保持外墙 2%~3% 左右的收分

2.EPS 夹芯保温构造墙身节点大样图

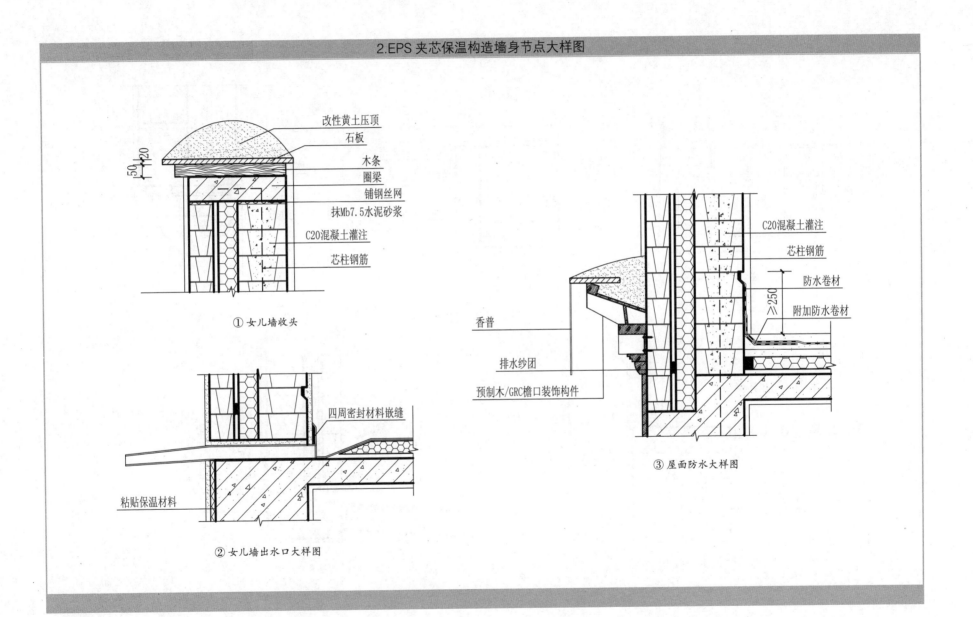

① 女儿墙收头

② 女儿墙出水口大样图

③ 屋面防水大样图

2.EPS 夹芯保温构造墙身节点大样图

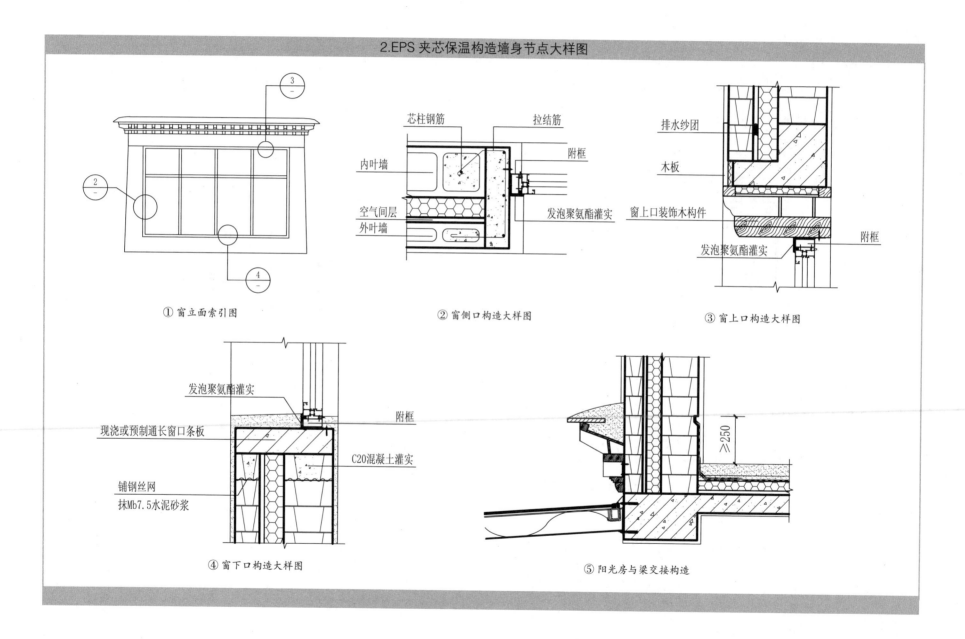

① 窗立面索引图

芯柱钢筋　　拉结筋

内叶墙

空气间层
外叶墙

附框

发泡聚氨酯灌实

② 窗侧口构造大样图

排水纱团

木板

窗上口装饰木构件

发泡聚氨酯灌实

附框

③ 窗上口构造大样图

发泡聚氨酯灌实

现浇或预制通长窗口条板

铺钢丝网

抹Mb7.5水泥砂浆

附框

C20混凝土灌实

④ 窗下口构造大样图

≥250

⑤ 阳光房与梁交接构造

2.EPS 夹芯保温构造墙身节点大样图

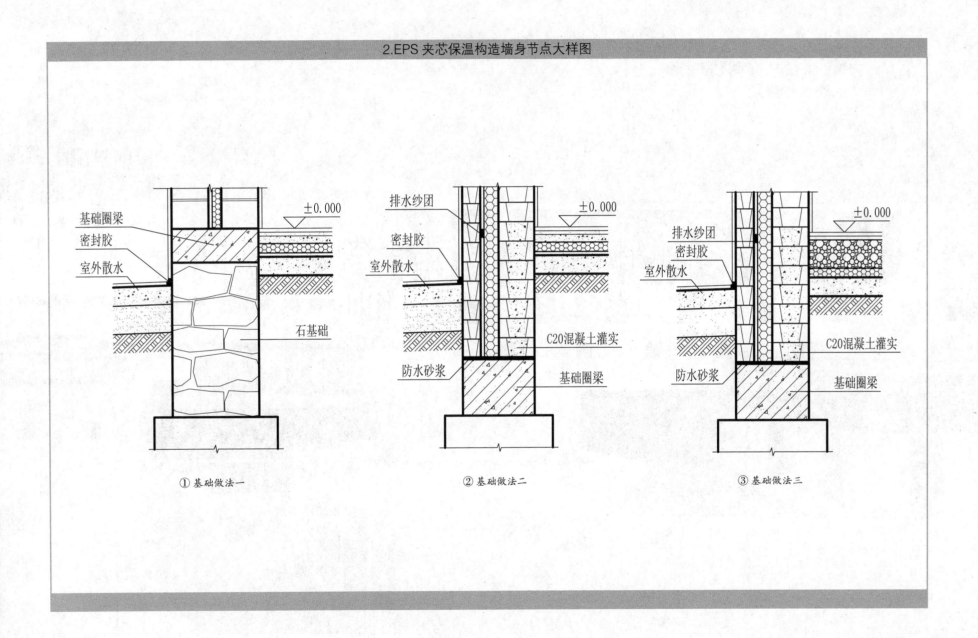

① 基础做法一　　　　② 基础做法二　　　　③ 基础做法三

第 5 章

青藏高原地域绿色建筑被动式采暖技术

　　本章从被动式绿色技术的角度入手，探索了适应高寒藏区地域建筑的技术策略，并对"阳光房"等部件进行了详细设计。

5.1 被动式采暖

5.1.1 被动式采暖的当代演进

在传统藏族民居建筑中，可以观察到一些藏民对太阳能的利用：

1）焚烧牛粪饼采暖

目前，冬季藏民普遍通过焚烧牛粪饼取暖，村民只需要在村子里捡牛粪回来晾晒即可。这种就地取材的生物质能，不仅因其经济性和环保性而沿用至今，更因为当地居民有着随着温度而转移活动空间的生活习惯：白天在阳光房或门廊活动，晚上在烧炉子的东西向厨房活动。厨房作为重要的生活空间已经是当地居民不可割舍的文化习惯，可见牛粪饼取暖背后所展现的是能源使用和空间使用的文化惯性。现如今藏民家里的墙上或院子里，仍可见晒有牛粪饼，焚烧牛粪饼仍然是藏民目前的主要采暖方式（图5-1）。

藏地的能源使用以就地取材为主，可以从自然界直接取得的牛粪经济又环保，保证了夜晚的热舒适程度；同样是自然界直接取得的阳光在白天为人类居住提供了必要热量。他们都是低成本的能源。可以预见的是，当"生产－消费"进一步发展的时候，牛粪的使用必然会受到限制，而太阳能却是可以保持自给自足状态的经济能源。因此太阳能的充分利用可能是保持未来能源可持续的最好方式。

2）"巴卡"

传统藏族门窗四周有一圈黑色的梯形窗套，称作"巴卡"（图5-2）。藏民一般用黑色涂料沿窗三边涂抹一圈即可，这种黑色涂料每年新年需重新涂刷一遍。虽然"巴卡"的出现起初是因为宗教中的辟邪的作用，但由于黑色涂料吸热能力较强，降低冬季通过窗户的寒风渗透作用，在一定程度上，提高了室内的热环境。

图5-1　牛粪饼采暖

图5-2　"巴卡"

3）大面积的南向开窗

　　西藏地区藏族民居南向墙体除去窗台和门开启的位置以外，剩余部分基本为窗户，它可以被认为是一种简单的直接受益式太阳房（图 5-3）。另外，有些民居为了阳光从两个面照射进来，藏民常在房屋东南角上设"拐角窗"。拉萨冬季严寒，藏民希望尽早享受日照的温暖，安装在正南面的窗户只能在午时才能照进阳光。因此在房屋的东南角设置转角窗，使得在早晨太阳刚出来时就能把阳光照进屋内。

图 5-4　南向外廊

图 5-3　南向大面积开窗

4）南向外廊

　　西藏地区传统藏族民居南侧常常设有外廊。由于建筑主体平面多为 L 形或"凹"字形，建筑两侧的房间阻挡了冬季的西北风，藏民在外廊处布置藏式沙发、茶几等家具，使得南向外廊成为传统民居中活动较为频繁的空间（图 5-4）。

5）阳光房

　　此外，为了抵御冬季寒风的影响，部分民居采用封闭外廊形成玻璃阳光房的方式对外廊进行改造，提升了在干冷多风环境下门廊的使用舒适性。阳光房帮助他们在多风的冬季中也能够尽情地享受暖阳，而在夏季，可将窗户打开，并不闷热。钢材、玻璃的引入，使得搭建阳光房非常便捷。这样的建造变化，显然因应了藏民的生活习惯，并提升了生活品质。

　　几乎所有新建住宅都会设置阳光房。因此，阳光房可以说是成为了一种新的传统。但是目前阳光房的构造却忽略了延续审美的需要，代替门廊出现的阳光房往往由水泥砖砌筑窗下墙，蓝色钢板为顶，没有柱子和窗楣构造，附属感极其强烈（图 5-5）。另外，但由于大多数阳光房未做蓄热设计，太阳辐射利用不足，难以满足室内热舒适度和节能的要求。一些新建、加建的阳光房与民居主体建筑脱离，由于施工质量问题，外窗及阳光房与主体建筑间的密封性也不是很好（图 5-6）。此外，阳光房覆盖了大面积的传统民居的外立面，减弱了地域性建筑文化特征的表达。

图5-5　附属感极强的阳光房

图5-6　阳光房与原建筑连接薄弱

5.1.2　被动式采暖的适应性改造

青藏高原是中国太阳能资源最丰富的地区。西藏地区每年的日照时间约为 3000h，地面全年接收的太阳辐射量达到 8000~8400MJ/m²，具有很大的太阳能利用潜力[1]。

被动式建筑节能技术主要通过非机械电器设备干预的手段实现建筑室内物理环境的干预，减少建筑采暖、制冷、通风等性能造成的能耗[2]。被

动式太阳能采暖的利用主要有直接受益式、集热蓄热墙式（特朗勃墙式）、附加阳光间式、对流环路式四种方式。

1）直接得热式

其原理是利用大面积朝南的窗户，在白天让阳光直接照射至室内，使墙体等蓄热能力大的材料吸收大部分热量并储存，然后到了夜晚持续向室内传热，维持室内的热稳定性。直接得热式窗对太阳能的利用率相对较高，达到 65%~70%[3]，见图5-7。

2）特朗勃墙式

其原理是在建筑南向设置一面表面涂黑的重质蓄热墙，蓄热墙外侧设置一面玻璃，通过南向太阳辐射，墙体在白天吸收并储藏太阳能，夜晚释放，使得夜晚室内保持一定的温度。有通风有利于白天室内空气的对流。其对太阳能的利用效率为 30%~45%，见图5-8。

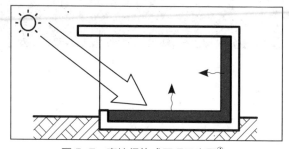

图5-7　直接得热式原理示意图[4]

① 王磊. 西藏地区被动太阳能建筑采暖研究 [D]. 成都：西南交通大学，2008.
② 刘加平. 附加阳光间式窑居太阳房热过程理论 [D]. 重庆：重庆大学，1998.5
③ 李元哲等. 被动式太阳房的原理及其设计 [M]. 北京：能源出版社，1989.
④ 穆钧. 新型夯土绿色民居建造技术指导图册 [M]. 北京：中国建筑工业出版社，2014.

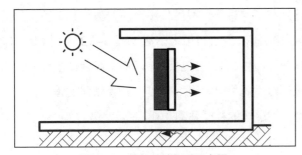

图 5-8 特朗勃墙原理示意图

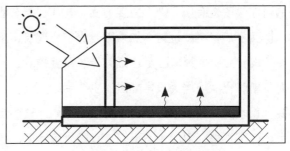

图 5-9 附加阳光房原理示意图

特朗勃墙的使用在当地并未推广,传统拉萨民居东西侧的开窗面积小有利于该技术的使用。但在藏地建筑文化中,特朗勃墙蓄热所依靠的深色重质墙体与白色的传统宗教信仰产生了冲突。当地居民明确表示黑色墙体在民居中是不能使用的。尽管对深色房子有着较大的抵触,但是居民们却依然可以接受没有白色涂层的深灰色石材民居。所以以深色石材纹理替代纯黑色的特朗勃墙体蓄热部分,或采用宗教画符"禳解"的方式削弱抵触情绪,有可能使得特朗勃墙体在当地得到推广。

3)附加阳光房

其原理是在建筑南侧加建与之相连的阳光房,阳光穿过玻璃照射到地面、墙体等蓄热体上,储存热量形成温室,提高室内温度。同时,附加阳光间可以作为冬季全天气温较高的生活空间来使用,如果不计算附加阳光内的能耗,相邻房间对透过玻璃的太阳能量的利用率为 15% ~30%,见图 5-9。

阳光房按造型分类可分为单斜顶阳光房、造型顶阳光房、组合顶阳光房、特殊顶阳光房、平斜顶阳光房、创意顶阳光房(包括:人字形阳光房、圆弧阳光房等),见图 5-10。

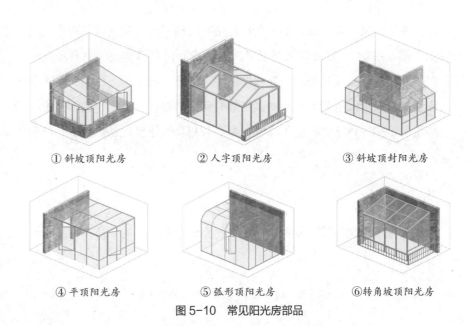

① 斜坡顶阳光房　② 人字顶阳光房　③ 斜坡顶封阳光房

④ 平顶阳光房　⑤ 弧形顶阳光房　⑥ 转角坡顶阳光房

图 5-10 常见阳光房部品

阳光房的适应性改造有以下 3 个主要方面。①在保温节能有效性上，应加强墙体、地面蓄热材料的设置，加强阳光房与原建筑、阳光房外窗的气密性。②在外围护结构的风貌上尽量延续传统风貌的表达。阳光房不是临时建筑，而是新时代藏族居民日常起居的主要活动空间。在屋面、墙体的材料上不要采用临时性的简易建筑材，可以采用木屋顶的土质屋面、混凝土屋面，土坯砖窗下墙、混凝土窗下墙。③阳光房遮阳、檐口等传统藏族民居的装饰部位，应考虑如香普等传统装饰，传统外立面的文化特征应在阳光房外立面中体现出来。

4）卵石蓄热太阳能炕

卵石，是西藏地区一种非常容易获得的建筑材料。卵石具有良好的蓄热性，将其填充炕体，在炕的南侧设置密封玻璃，即可做成卵石蓄热太阳能炕（图 5-11）。在墙体上开调节采光的窗洞，将带有隔热材料和反射材料的挡板放在窗洞口处，挡板根据需要可以开启和关闭。白天，阳光直射和经挡板反射照射到卵石上对其加热并储存热量；在晚上，关闭挡板阻止热量的流失，当室内气温下降时，卵石开始释放热量，加热炕板，稳定室内热环境，提高热舒适度①。

5）屋顶太阳能板

此外屋顶作为间接使用的太阳能使用空间是最合适的。屋顶宗教活动

---

① 杨维菊，徐斌，吴昌亮. 青海地区绿色生态型农村住宅设计策略研究 [J]. 动感（生态城市与绿色建筑），2015（Z1）：114-121.

大多数已经移到院子中进行，村民们不再频繁去屋顶，不少居民已经在屋顶安置太阳能热水器来主动利用太阳能（图 5-12）。因此，屋顶的太阳能板改造是具有可行性的。在平屋顶上增加太阳能即热设施，为晚上的厨房供暖，为照明灯设施供电，可以节省牛粪等燃料的消耗，改善昏暗的室内环境，保持夜间厨房的社交活动功能。

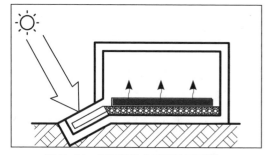

图 5-11　卵石蓄热太阳能炕原理图

图 5-12　屋顶太阳能

5.2 被动式太阳能部件

5.2.1 被动式太阳能构造原理

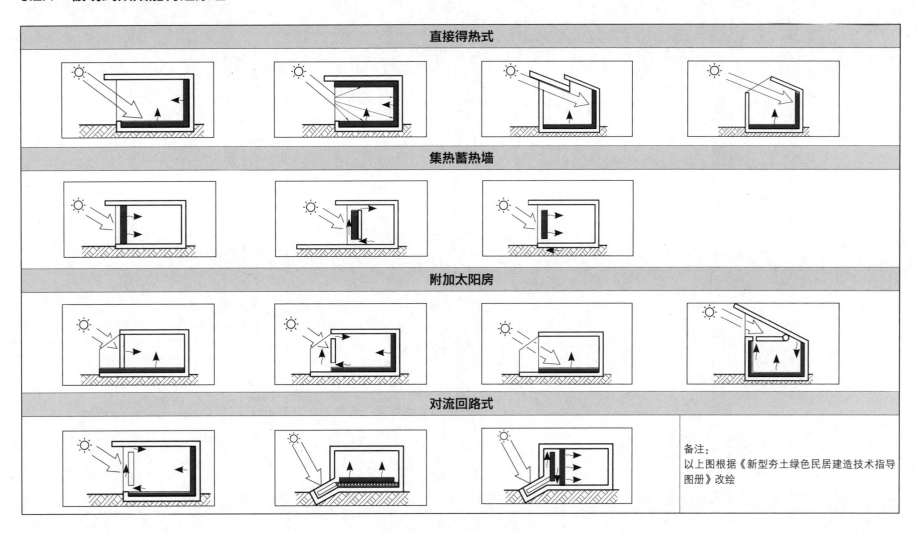

直接得热式

集热蓄热墙

附加太阳房

对流回路式

备注：
以上图根据《新型夯土绿色民居建造技术指导图册》改绘

5.2.2 集热蓄热墙

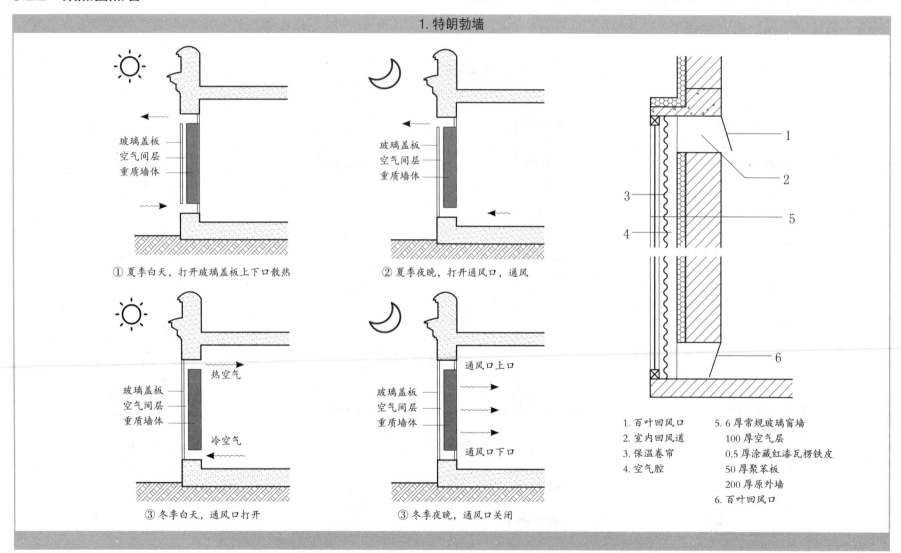

1. 特朗勃墙

玻璃盖板
空气间层
重质墙体

① 夏季白天，打开玻璃盖板上下口散热

玻璃盖板
空气间层
重质墙体

② 夏季夜晚，打开通风口，通风

玻璃盖板
空气间层
重质墙体

热空气

冷空气

③ 冬季白天，通风口打开

玻璃盖板
空气间层
重质墙体

通风口上口

通风口下口

③ 冬季夜晚，通风口关闭

1. 百叶回风口
2. 室内回风道
3. 保温卷帘
4. 空气腔

5. 6厚常规玻璃窗墙
   100厚空气层
   0.5厚涂藏红漆瓦楞铁皮
   50厚聚苯板
   200厚原外墙
6. 百叶回风口

5.2.3　附加阳光房

1. 附加阳光房特点

阳光房也称为玻璃房，它实现了居室和阳光的亲密接触，即使在寒冷的冬日，也能够享受到阳光的温暖。

由于阳光房独特的保温效果，可以实现温室的功能，即使在寒冷的冬天，也能为使用人群营造一个温暖的居室环境。

| （a） | （b） | （c） | （d） |

特点	特点介绍
采光性	采光率高、功能性强、空间有效利用率高
保温性	高效率吸收太阳短波辐射，并且阻挡室内长波段向外辐射，改善冬季室内热环境
节能性	起到热量缓冲器的作用，减少建筑物的热量损失，对于平衡整座建筑的热量得失较为有利
实用性	提供有遮挡的平台，扩大了室内的使用面积

2. 常见阳光房部品

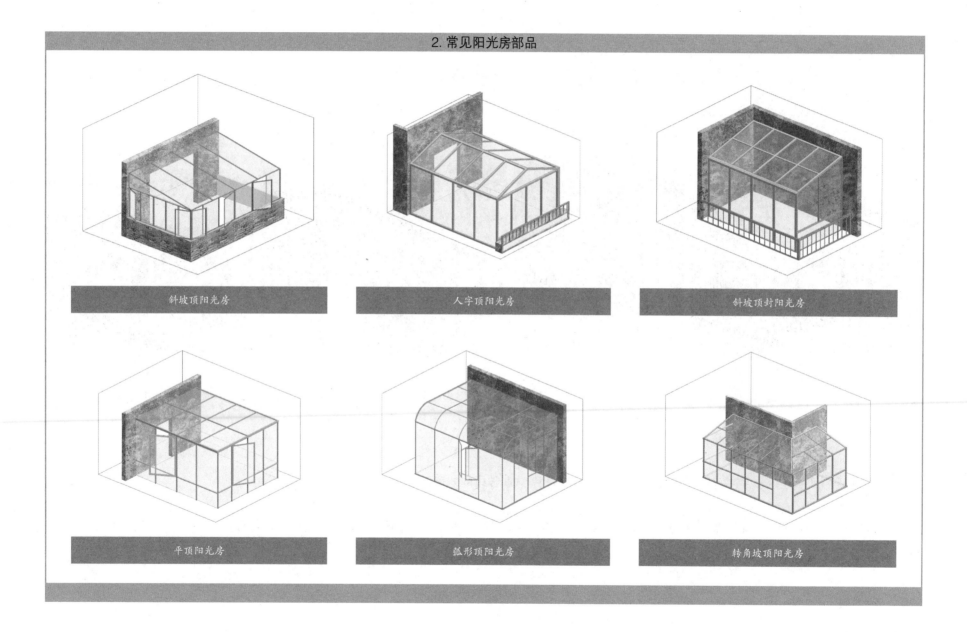

斜坡顶阳光房

人字顶阳光房

斜坡顶封阳光房

平顶阳光房

弧形顶阳光房

转角坡顶阳光房

3.附加阳光房构造要点

　　阳光房的构造跨度构造在 3m 以上时，须采用钢结构来保证结构安全性；阳光房的顶棚需采用型材将玻璃进行良好的粘接，不仅可以减弱热胀冷缩的效果，还能达到较好的防水性能；阳光房立侧窗户也须采用刚强度型材，当阳光房顶部自重达到 60kg/m³ 时，80% 的重量需要立侧窗户进行分担承载。

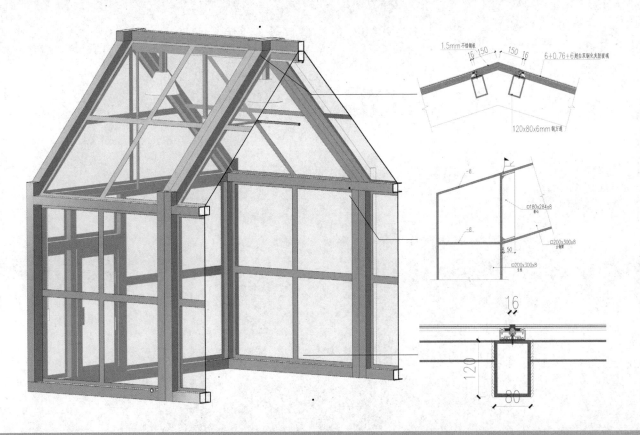

屋顶型材	技术规格
梁架	120mm×80mm×6mm 钢方通
檩条	120mm×80mm×6mm 钢方通
板材	6+0.76+6 钢化夹胶玻璃
板材	1.5mm 不锈钢板
框架型材	技术规格
立柱	200mm×300mm×8mm 房钢柱
主钢梁	200mm×300mm×8mm 钢梁
套心	180mm×284mm×8mm 套心
面板材料	技术规格
玻璃面板	6+0.76+6 钢化夹胶玻璃
框架型材	60mm×60mm×4mm 钢方通
固定件	M5x25 不锈钢盘头螺钉
密封材料	泡沫棒 / 耐候密封胶

第6章

"文绿结合"的青藏高原当代
优秀建筑案例解析

本章通过分析青藏高原当代优秀建筑案例中的构造做法，为西藏地域建筑适应性改造提供借鉴。

6.1 西藏非物质文化遗产博物馆

6.1.1 总体介绍

西藏非物质文化遗产博物馆选址在拉萨城南的慈觉林文创开发区，海拔近 4000m。非遗博物馆建筑面积约 8000m²，由深圳华汇设计有限公司设计。博物馆内设立展厅、庭院、剧场、办公、天台、瞭望厅等功能空间。以"天路"作为设计概念，功能与体验二者兼顾，参观者经过攀爬，一路领略、感受，最终在顶上的瞭望厅和布达拉宫跨越时空对望。因此设计长长的室外步道与主体建筑衔接，浑然一体。可以把建筑分为三个部分：室外步道、主建筑、瞭望厅（图 6-1、图 6-2）。

图 6-2 博物馆主建筑

6.1.2 地域建筑绿色技术集成

1）室外步道

场地内所有的台阶、步道和景观墙体，以及底部的单层附属配套建筑，均采用石砌结构（图 6-3）。步道折墙压顶上采用和主体建筑相同的铝通型材，喷涂深色漆，外墙饰面用白色涂料模仿当地手抓纹方式涂抹施工（图 6-4）。

2）外墙

博物馆主体建筑为钢筋混凝土框架剪力墙结构。外形上干挂厚重的石材，做出 7 度的墙体收分。以干挂的方式应对拉萨 8 度抗震设防要求。为了使外形上强烈的收分不影响外墙的总体厚度，采用在建筑上层层退进的方式。内侧的结构砌块墙体与外侧的石材外墙间为保温层。（图 6-6）。

图 6-1 博物馆鸟瞰图

图 6-3 室外步道

图 6-4 压顶的铝方通和
手抓纹外饰面

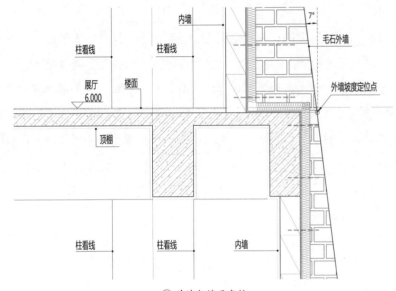

① 外墙与楼面交接

图 6-5 收分的建筑形体

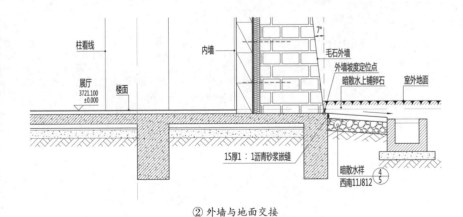

② 外墙与地面交接

图 6-6 博物馆外墙大样图

3）屋面

博物馆有两种屋面，一种是混凝土结构建筑（附楼）上的屋面，另一种是钢结构（瞭望厅）上的屋面，因此有屋面 1 和屋面 2 两种做法。

屋面 1 的墙体为混凝土砌块组成的双层夹芯墙体，内外墙之间的空气间层既起到了保温隔热的作用，还可用来放置雨水管，避免雨水管外露对建筑外立面的影响。屋面板、排水沟、梁和女儿墙是一个由混凝土浇筑的复杂整体，女儿墙压顶用木饰面材料包裹，并在外侧做出滴水，屋面 1 详细构造见图 6-7。包裹女儿墙的饰面材料从外观上与传统藏族建筑压顶有相似的意蕴（图 6-8）。

图 6-8　博物馆附楼

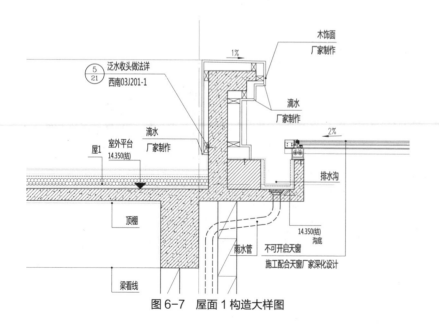

图 6-7　屋面 1 构造大样图

屋面 2 是位于主体建筑上方的瞭望厅的屋面做法。其做法是在现浇楼板时同时浇筑女儿墙，女儿墙与檐口留有一定距离。檐口装饰铝板与女儿墙、挑檐板之间形成了一个封闭空间，其横截面为一个斜边朝上，内高外低的直角梯形（图 6-9），这样做不仅有利于雨水外排，还加重了屋顶檐口的体量感，建筑外形上更纯粹、朴拙（图 6-10）。

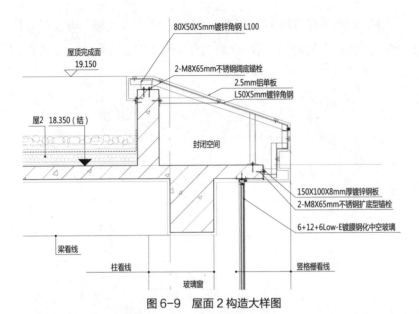

80X50X5mm镀锌角钢 L100

屋顶完成面 19.150

2-M8X65mm不锈钢阔底锚栓
2.5mm铝单板
L50X5mm镀锌角钢

屋2 18.350（结）

封闭空间

150X100X8mm厚镀锌钢板
2-M8X65mm不锈钢扩底型锚栓
6+12+6Low-E镀膜钢化中空玻璃

梁看线

柱看线

竖格栅看线

玻璃窗

图 6-9　屋面 2 构造大样图

图 6-10　屋面 2

4）檐口

主体建筑四层顶部的檐口位于四层展厅（室内）与五层瞭望厅（半室外）之间，是外墙毛石和保温层向上延伸的收口部位。其做法是：女儿墙下部与内墙外表面齐平，上部外翻用以固定外装饰型材。外装饰型材由深色铝通和铝单板构成，并用化学螺栓固定在女儿墙上。建筑外墙的保温层和干挂毛石材料收口于外装饰型材底部，收口用密封胶填实，详细构造见图 6-11。外装饰型材在外表面形成具有藏式凹凸风格的檐口（图 6-11）。

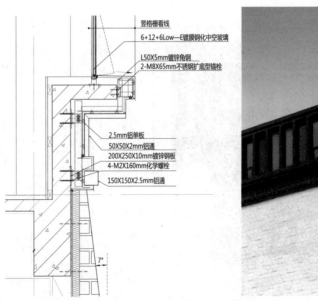

竖格栅看线
6+12+6Low—E镀膜钢化中空玻璃
L50X5mm镀锌角钢
2-M8X65mm不锈钢扩底型锚栓

2.5mm铝单板
50X50X2mm铝通
200X250X10mm镀锌钢板
4-M2X160mm化学螺栓
150X150X2.5mm铝通

7°

图 6-11　檐口

5）外窗

博物馆建筑主体部分基本不开窗，只在电梯厅外的室外平台处设有一扇玻璃平开门。而作为整栋建筑装饰最为丰富的瞭望厅，其外立面由涂有红、黄、蓝、绿四种颜色并均匀排布的彩釉玻璃窗组成。色彩斑斓的瞭望厅外立面与下部白色的石材外墙形成鲜明对比，建筑师巧妙地用现代语汇诠释传统藏式建筑的特征。

电梯厅室外平台的玻璃平开门采用双玻中空玻璃。相对于毛石外墙的室内平开门具有明显的凹进关系（图6-12）。室外平台板低于室内楼板，做有组织内排水（图6-13）。

彩釉玻璃窗采用双玻中空玻璃。窗台处采用与女儿墙、电梯厅室外平台外墙一致的铝板包裹，并作排水坡度和滴水（图6-14、图6-15）。

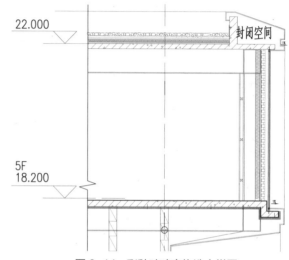

图6-14 彩釉玻璃窗构造大样图

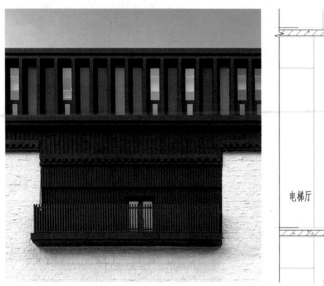

图6-12 玻璃平开门　　图6-13 玻璃平开门构造大样图

图6-15 色彩斑斓的彩釉玻璃窗

　　瞭望厅大玻璃窗是建筑中主要的大面积玻璃窗。采用双玻中空玻璃。为了达到瞭望厅的全视野效果，楼板在靠近玻璃处下沉，以固定玻璃下沿。保温材料将瞭望厅屋面、楼板和下沉楼板、玻璃周边包裹密实（图 6-16、图 6-17）。

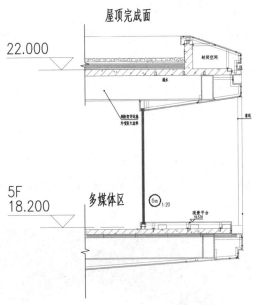

图 6-16　瞭望厅大玻璃窗构造大样图

图 6-17　瞭望厅大玻璃窗

---

1. 设计团队：廖国威、朱琳、梁子毅、梁鉴源、徐牧、湛吉高、杨晶、李燕玲
2. 参考文献：肖诚. 天路——西藏非物质文化遗产博物馆设计札记 [J]. 建筑学报，2019（11）：63-69.
3. 访谈：深圳华汇设计有限公司 西藏非物质文化遗产博物馆项目负责人建筑师廖国威访谈

6.2 康巴艺术中心

6.2.1 总体介绍

康巴艺术中心位于青海省玉树州结古镇，占地面积 0.94hm²，总建筑面积约 2.04 万 m²，由中国建筑设计研究院崔恺院士团队设计。康巴艺术中心是玉树地震灾后重建项目，主要由玉树州剧场、玉树县剧场、玉树州剧团、玉树州文化馆、玉树州图书馆五个功能空间组成。

康巴艺术中心建筑群的总体布局自由松散，呈现一种聚落的形态，强调与塔尔寺、唐蕃古道商业街、格萨尔广场等周边城市元素的对位呼应。在建筑密度上，建筑群与传统城市肌理相吻合，步行街道的尺度也与唐蕃古道商业街相协调。在平面布局上，康巴艺术中心力图通过院落空间的组合体现传统藏式建筑的空间精神。在建筑形体上，建筑体量逐层递减，回应台地特征，形成丰富的空间层次（图 6-18、图 6-19）。

6.2.2 地域建筑绿色技术集成

1）外墙

在外墙砌筑方面，康巴艺术中心将当代混凝土框架 – 填充墙体系与青海传统石材砌筑建造工艺相结合，用混凝土空心砌块营造出石材垒砌的效果（图 6-19）。因为玉树属于抗震等级 7 级地区，有较高的抗震设防要求，而过高的片石垒砌具有安全隐患。为了体现真实的垒砌效果，建筑师放弃了贴面的装饰性饰面方式，遵循建构的逻辑，采用混凝土砌块作为砌筑材料。一方面，砌块暗合了石材墙面的内在建构逻辑；另一方面，减轻外墙材料自重并降低了构造难度和造价。

康巴艺术中心采用内外双层墙体。在材料选择上，基于快速、便宜、可控的原则，内侧墙体采用加气混凝土砌块，而外侧墙体则采用不同模数的混凝土空心砌块砖，通过钢筋拉结自由叠砌，表现与传统石材垒砌墙面

图 6-18 玉树康巴艺术中心

图 6-19 石材垒砌般的外立面

在构造方面的契合。混凝土空心砌块主要有三种不同的模数：长砖、片砖和方砖，具体尺寸见图 6-20。

在内外墙的关系上，有贴砌和设有间层两种方式。在贴砌的做法中，外侧的混凝土空心砌块紧贴内侧墙体砌筑（图 6-21），而设有间层的墙体则通过拉结钢筋连接内外墙并在两层墙体之间形成 700mm 左右的空气间层（图 6-22）。长砖和片砖在立面高度上间隔布置，其间随机摆放空洞外翻的方砖，外墙面变化丰富，别有一番韵律（图 6-23）。

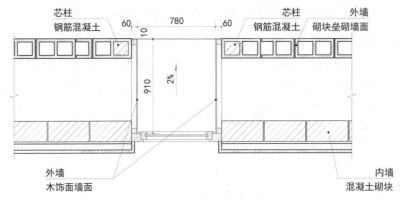

图 6-22 设有间层墙体大样图

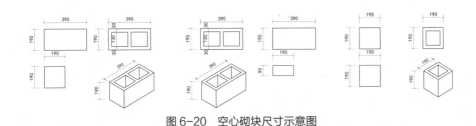

图 6-20 空心砌块尺寸示意图

图 6-21 贴砌墙体大样图

图 6-23 外墙砌筑施工现场

在施工上，康巴艺术中心尝试尽量去除标准化，强调人工化的施工方式。当地工人在砌筑过程中自主发挥，用砌筑口诀替代立面详图，因此砌块的排布是随机的。同时，墙面不再要求光滑平直，呈现凹凸不平的外墙肌理；灰缝可以宽窄不一。外墙也采用手工刷涂，而不是喷枪。建筑通过涂抹白色、红色等当地常见的外墙涂料，在色彩上和藏式传统建筑保持统一（图6-24）。

在外墙保温构造上，原设计采用的挤塑聚苯板内保温也因严格的防火要求而在施工过程中被替换成了夹心保温砂浆。墙体的构造层次（由内到外）是加气混凝土砌块外墙——保温层（夹心保温砂浆涂在混凝土砌块墙上）——空心砌块饰面层。屋面保温材料是常规的挤塑聚苯板。

2）抗震

由于青海地区抗震设防烈度要求较高，而一定高度的空心砌块墙存在安全隐患，因此上下砌块之间错缝砌筑，外墙每隔4m并根据窗洞位置设置构造柱、马牙槎。构造柱采用在空心砌块中现浇混凝土形成的"芯柱"，这种"芯柱"的做法一方面使砌块外墙具有一定的构造强度，另一方面也将构造柱隐藏在砌块中，避免外露的构造柱对立面的影响。在高度上，每层楼板出挑一部分，混凝土空心砌块落在楼板上。此外每隔600mm墙高设置一道拉结网片和L5角钢，提高整片墙的整体性（图6-25）。

图6-24　凹凸不平的外墙

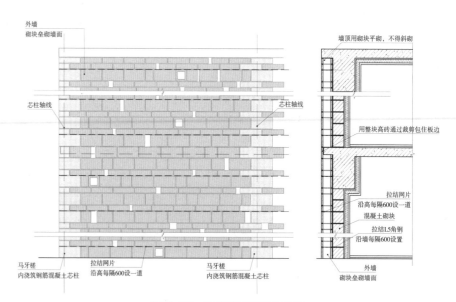

图6-25　外墙抗震构造大样图

3）外窗

与藏式传统建筑相似，建筑外立面开窗不多，多为进深较大的小窗，而建筑顶部采用高窗替代传统的"边玛墙"，是一个传统跟现代的巧妙组合（图6-26）。窗洞口两侧设置"芯柱"，上方采取类似"芯柱"做法暗埋过梁。窗户沿内墙放置，形成从外墙到内墙较深的窗洞口，具有藏式建筑的特征。窗洞口面层采用木饰面装饰，在木饰面上沿与外墙交接处，设置镀锌处理后的钢片作为滴水，将雨水引出窗洞口，防止木饰面被雨水破坏（图6-27、图6-28）。窗户采用厂家成品窗。

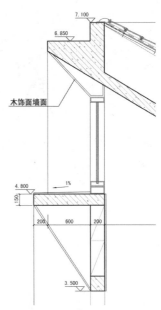

图 6-27　高侧窗构造大样图

图 6-26　内凹的小窗和高侧窗

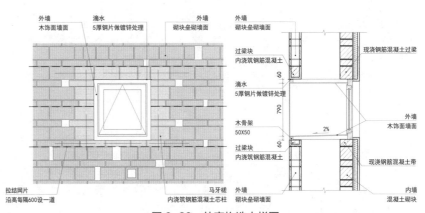

图 6-28　外窗构造大样图

4）屋面

　　屋面均为现浇混凝土平屋面，根据局部位置需要的不同表面采用三种做法，分别为石板瓦坡屋面、架空屋面和卵石屋面。

　　石板瓦坡屋面是在平屋面上的一种出于造型的做法，混凝土现浇成形的屋面板出挑并向上倾斜，从而将边缘抬高，形成内凹的形态效果，其具体构造做法见图6-29。架空屋面为上人屋面做法，采用的防腐木，具体构造做法见图6-30。卵石屋面能具有一定的保温功能，具体构造做法见图6-31。

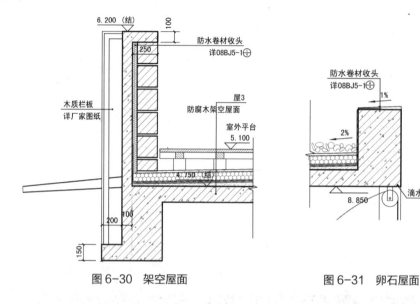

图6-30　架空屋面　　　　图6-31　卵石屋面

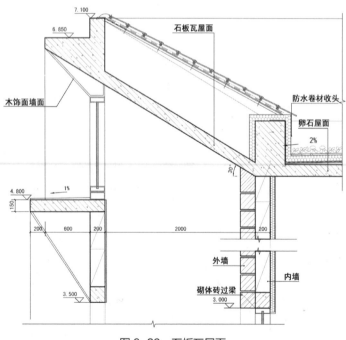

图6-29　石板瓦屋面

1. 设计团队：崔愷、关飞、曾瑞、高凡、董元铮
2. 参考文献：[1] 关飞.康巴艺术中心 [J].建筑实践，2019（5）：72–75.
[2] 崔愷，关飞，曾瑞，等.青海省玉树地震灾后重建项目 康巴艺术中心 [J].建筑砌块与砌块建筑，2016（6）：30+32.
[3] 崔愷.康巴艺术中心 [J].建筑学报，2015（7）：32–39.
[4] 关飞.玉树康巴艺术中心的建造——找寻一种可持续的地域建筑 [J].建筑学报，2015（7）：45–49.
[5] 关飞.康巴艺术中心改造记 [J].建筑技艺，2015（6）：34–39.
[6] 崔愷，关飞，曾瑞，等.康巴艺术中心，玉树，中国 [J].世界建筑，2015（3）：131–137.
3. 访谈：中国建筑设计研究院本土设计研究中心 康巴艺术中心项目主要负责建筑师关飞访谈

6.3 格萨尔广场

6.3.1 总体介绍

格萨尔广场项目位于平均海拔 4200m 的青海玉树,由天津华汇工程建筑设计有限公司设计,是玉树地震后的援建项目(图 6-32)。项目分为两大部分,其中近 7 万 m^2 的格萨尔广场。广场中间是抬高的格萨尔王雕像,其角度、位置与原址不变。在广场正下方是格萨尔王文化展示馆,建筑面积 2700m^2(其中地下部分 1780m^2)。项目的另一部分是广场南侧的一组建筑群,包括州城市规划展览馆、档案馆、小商业等其他功能,建筑面积合计 8000m^2。其中州城市规划展览馆为主体建筑,建筑面积 2900m^2,长 210m,高 9m,是一个外墙呈收分状态的长方体。

格萨尔王是藏族人民引以为傲的民族英雄和精神信仰。地震之前,当地居民就为了纪念他而建了原格萨尔广场,平面为喇嘛塔图案。广场用于日常的教徒转经、纪念活动及居民商品交易,除此之外,也举办大型集会及宗教活动。地震后,广场遭到破坏,格萨尔王骑马的雕像被保护起来。为了还原当地居民的精神寄托,尊重当地的宗教文化活动,建筑师认为在新的设计中,建筑在雕像的面前应是一个配角,需尽可能保留原始的、充满力量的环境特质。因此主要的格萨尔王文化展示馆被隐藏在广场之下,而在地面上的州城市规划展览馆也采取了结合当地文化的质朴的外观设计(图 6-33)。

图 6-32 格萨尔广场鸟瞰图

图 6-33 州城市规划展览馆

6.3.2　地域建筑绿色技术集成

1）外墙

以州城市规划展览馆为主要功能的地面建筑，采用钢筋混凝土结构，外饰面采用装饰片石。装饰片石的石材原料采自玉树周围的山上。石材进行粗加工，制成大小差别不大的片石，使用传统民居垒砌的方式进行垒砌（图6-34）。装饰片石墙有200mm的厚度。这个厚度一方面不至于过薄，保证了石材真实的垒砌效果，而不是装饰贴面；另一方面不至于过厚，石材的自重不至于过重，而影响墙体的稳定性。在外观上，石材垒砌是从地面到女儿墙顶的整体垒砌。

外墙采用夹心保温的构造方式，保温层设置在钢筋混凝土墙体和装饰块石墙体之间（图6-35）。有的部分墙体结构采用双层墙体夹心保温的做法。墙体的结构层是两层加气混凝土砌块，砌块中有100mm的中空层。因此，墙体从内到外的构造层次为：砌块墙体－中空层－砌块墙体－装饰块（片）石（图6-36）。

图6-34　石材垒砌的外墙

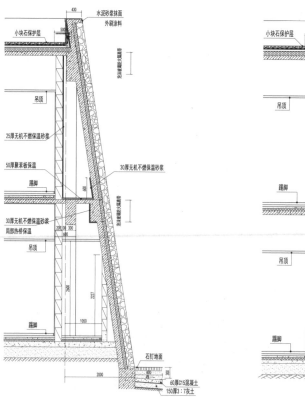

图6-35　外墙夹心保温构造大样图

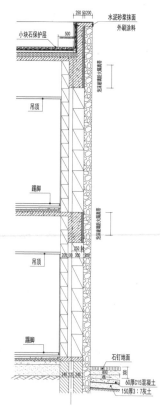

图6-36　双层墙体构造大样图

2）女儿墙

建筑的女儿墙是混凝土现浇成型的，形成钢筋混凝土压顶加水泥砂浆抹面。这样的女儿墙在外观上的存在感很弱，整个建筑是一种纯粹的石材外裹的感觉，正是"仿佛从地面上长出来一样"（图 6-37、图 6-38）。屋面从下到上是钢筋混凝土结构层 – 保温层 – 保护层 – 小石块保护层。防水材料上返直至女儿墙压顶，女儿墙压顶上的水泥砂浆包裹防水材料收口，详细构造见图 6-39。

图 6-38 纯粹的建筑形体

图 6-37 女儿墙压顶细部

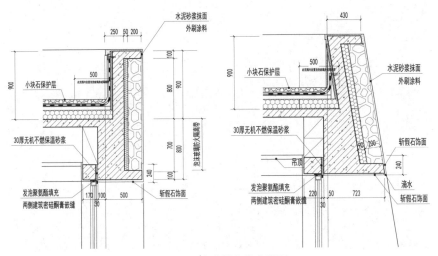

图 6-39 女儿墙构造大样图

3）外窗

　　建筑外立面采用大面积的石材外墙，开窗较少，且多为窄长小窗（图6-40、图6-41）。为了保证外窗保温的密实性，采用了发泡聚氨酯填充的做法和两侧建筑硅酮胶嵌缝。由于墙体厚度较深，外窗靠墙内侧放置，形成深深的外窗洞口。洞口既具有藏式建筑的深洞口特征，又能提供自然遮阳。此外，在保温做法上也在墙体转角、结构接封等地方采用无机不燃保温砂浆，加强建筑物转折地方和缝隙的保温性能，预防"冷桥"现象的发生，详细构造见图6-42。

图6-40　大面积石材外墙

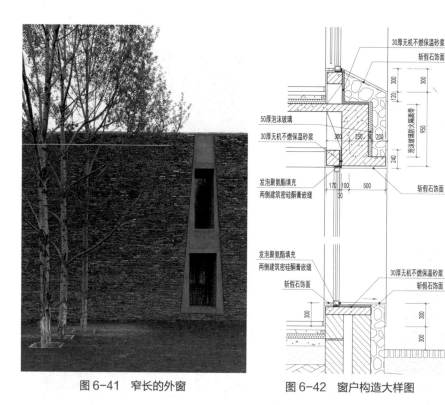

图6-41　窄长的外窗　　　　　图6-42　窗户构造大样图

1. 设计团队：周恺、吴岳、张一、章宁、吴培、李悦谦、魏平、朱元、曾永捷等
2. 参考文献：

[1] 周恺，吕俊杰. 以相融的方式建造——玉树格萨尔广场设计解析 [J]. 建筑学报，2015（7）：66-67.

[2] 吴岳. 相容·建造——玉树州格萨尔广场设计 [J]. 小城镇建设，2014（11）：94-99.

[3] 青海玉树州格萨尔广场 [J]. 建筑知识，2017，37（11）：24-27.

3. 访谈：天津华汇工程建筑设计有限公司 格萨尔广场项目主要负责建筑师 吴岳 访谈

6.4　玉树州行政中心

6.4.1　总体介绍

　　玉树州行政中心位于青海玉树，由州府和州委两组院落组成，占地面积 6.33hm²，总建筑面积 72638m²，由清华大学建筑设计研究院庄惟敏院士团队设计。州府、州委主楼各 10 层高，周围环绕 2~5 层附属建筑。在建筑群的分布上，为了模仿宗山周围层层叠叠建筑环绕的形式，采用台地形式结合中轴对称的群落式小体量建筑，形成了依靠山势层层叠叠的群体效果。

　　玉树州行政中心的设计重在满足"权力象征"和"亲民内涵"两种特质。在建筑群的组织上吸取藏式"宗山"的特点，具有一定的威严感。在外墙色彩上采用大面积白色，淡雅质朴。玉树州行政中心整体建筑典雅亲民而不失威严（图 6-43）。

图 6-43　玉树州行政中心鸟瞰图

6.4.2　地域建筑绿色技术集成

1）外墙

　　为了贴合"亲民内涵"的特质，玉树州行政中心外墙大面积采用纯净淡雅的白色。玉树州行政中心外墙大面积的白色都是来源于一种成型砌块——混凝土空心劈裂砌块。这种砌块不仅有白色的色彩，还有粗犷的效果，在阳光照射下呈现出斑驳的质感。同时，材料价格较低，因此在外墙上大量地使用（图 6-44）。

　　砌块的尺寸有 390mmx190mmx190mm 和 390mmx190mmx90mm 两种。为了使砌块拼合效果更好，设计团队进行了砂浆拼缝实验。藏式建筑外墙有明显的收分，因此在玉树州行政中心的外墙中采用了收分墙体和

图 6-44　采用混凝土空心劈裂砌块的外墙

不收分墙体两种做法，兼顾建筑的美观和实用。收分墙体的收分程度不高。收分墙体砌筑装饰砌块时采用推台砌筑，每匹砌块相错 1cm。不收分墙体采用垂直砌筑的方式。

　　结构墙体为钢筋混凝土框架结构配加气混凝土砌块。为了使外墙装饰的混凝土空心劈裂砌块更加稳固，每一层从结构墙体挑出混凝土现浇带。（图 6-45）

2）外窗

　　州府主楼的中央部分采用深红、黄、青等颜色镶嵌的彩釉玻璃，象征藏族服饰上的华锦（图 6-46）。四层和六层上部采用尺度厚重的预制钢构件制成藏族传统风格的窗楣形式。彩色的外窗、黑色的窗楣在白色的墙体上形成视觉冲击力，构成鲜明的民族特征。在建筑屋顶也采用类似的黑色预制钢构件，与下部的窗楣相得益彰（图 6-47）。

　　外窗有提炼出抽象木格样式的窗式一和带有藏族装饰的窗式二、窗式三（图 6-48、图 6-49）。藏族装饰的窗式二为窗式一加上窗楣处的装饰咔嚓。窗式三除了在窗格上有所调整外，也具有上部的装饰咔嚓和两侧的装饰巴卡。窗上沿的装饰咔嚓是由玉树当地的工厂定制的模块化 GRC 构件，而两侧的装饰巴卡则采用黑色铝板。为了做出"窗套"的效果，墙体砌块并不砌筑到窗洞口边缘，而是预留一部分空间，并在表面喷涂真石漆，做出墙面与"窗套"的错开效果（图 6-50）。

　　立面上外窗的布置颇具匠心，通过玻璃色彩、窗格划分、窗户装饰样式、窗户与外墙装饰砌块的位置关系多样化等手法，创造出丰富的窗户形态。

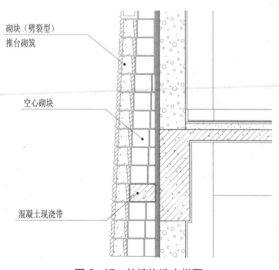

图 6-45　外墙构造大样图

图 6-46　主楼彩釉玻璃窗

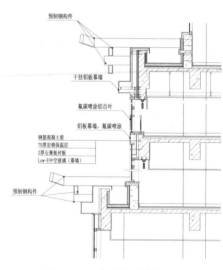

图 6-47　窗户构造大样图一

3）檐墙

州府主楼上部的藏式"边玛"檐墙，原设计中是通过外装石材变化营造出多重檐的效果，在取消石材后，采用涂料拉毛处理，既有边玛草的韵味又符合当代工艺。拉毛涂料也是比较普遍的做法，涂料为常用的室外涂料，施工时现场做拉毛工序，以相对低的成本表现传统文化，贴合了"亲民内涵"。

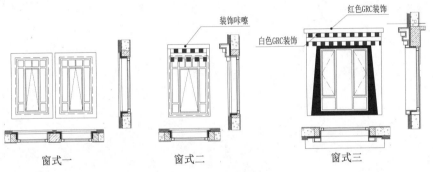

图 6-48　外窗样式

图 6-50　屋顶女儿墙

图 6-49　外窗

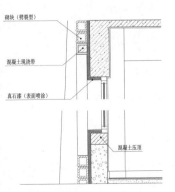

1. 设计团队：庄惟敏、张维、姜夔元、龚佳振、屈张
2. 参考文献：
[1] 庄惟敏，QI Yiyi. 玉树州行政中心，青海，中国 [J]. 世界建筑，2017，（9）：100-101，129.
[2] 庄惟敏，张维，姜魁元，等 . 玉树州行政中心，青海，中国 [J]. 世界建筑，2015，（10）：82-88.
[3] 庄惟敏，张维，姜夔元，等 . 玉树州行政中心 [J]. 建筑学报，2015，（7）：50-57.
[4] 庄惟敏，张维，屈张 . 行政建筑的时代特质与地域性表达——玉树州行政中心设计 [J]. 建筑学报，2015，（7）：58-59.
[5] 庄惟敏，张维，屈张 . 普措达泽山下的藏式院子——玉树州行政中心建筑创作 [J]. 世界建筑，2014，（11）：108-113.
3. 访谈：清华大学建筑设计研究院 玉树州行政中心主要建筑师 龚佳振访谈